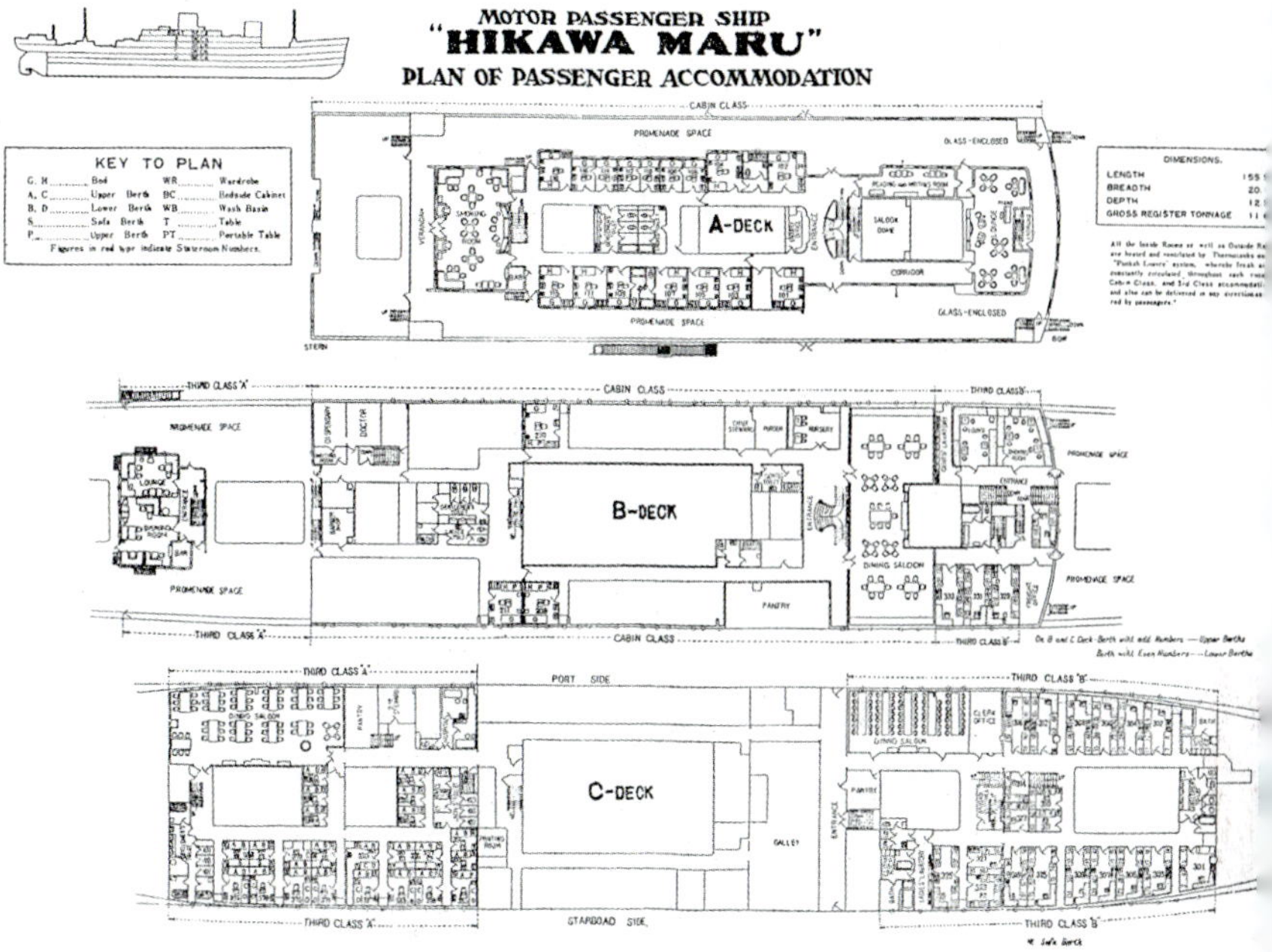

増補版

氷川丸ものがたり

伊藤玄二郎

かまくら春秋社

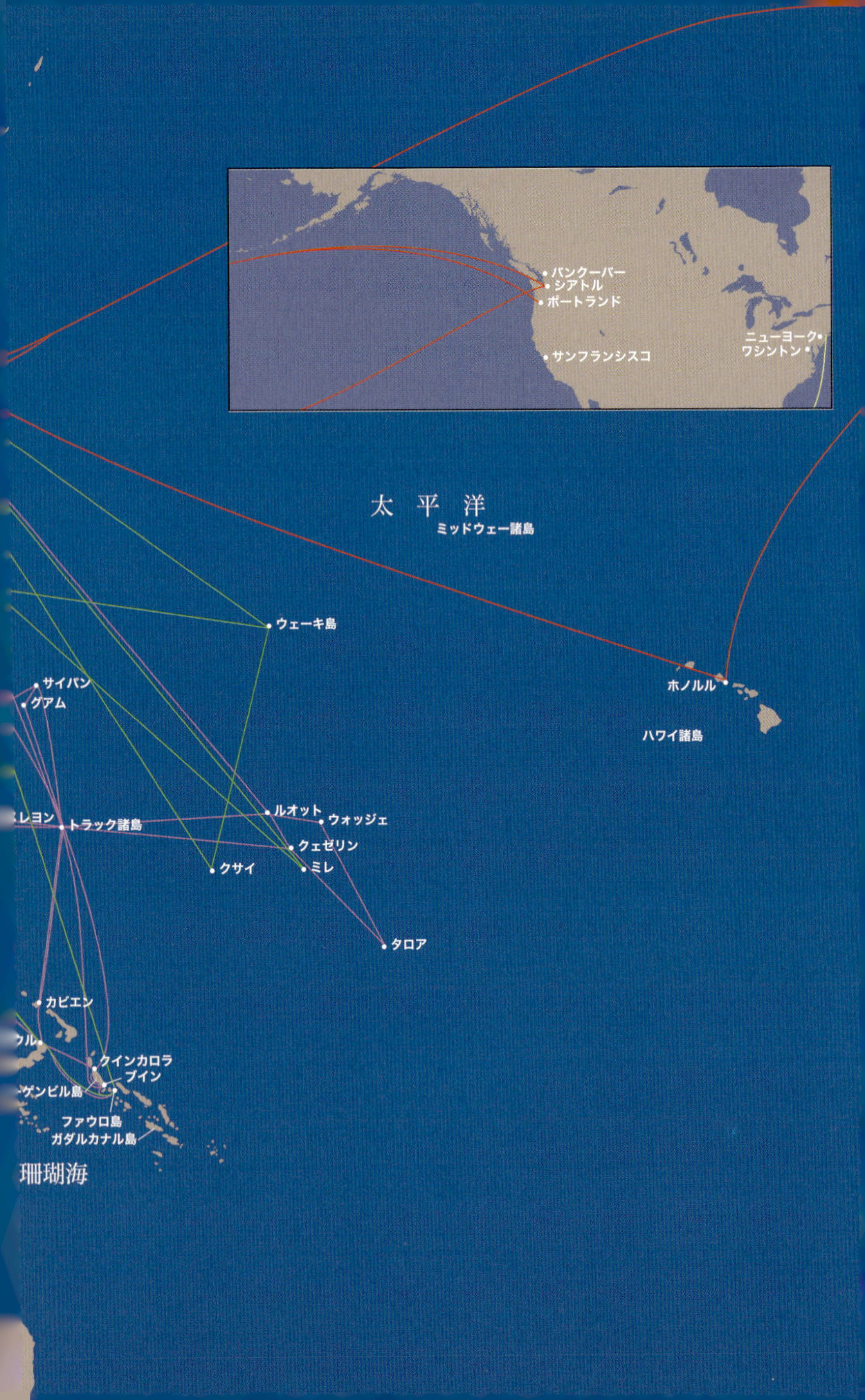
バンクーバー
シアトル
ポートランド
サンフランシスコ
ニューヨーク
ワシントン
太　平　洋
ミッドウェー諸島
ウェーキ島
ホノルル
ハワイ諸島
サイパン
グアム
レヨン
トラック諸島
ルオット
ウォッジェ
クェゼリン
クサイ
ミレ
タロア
カビエン
ウル
クインカロラ
ブイン
ゲンビル島
ファウロ島
ガダルカナル島
珊瑚海

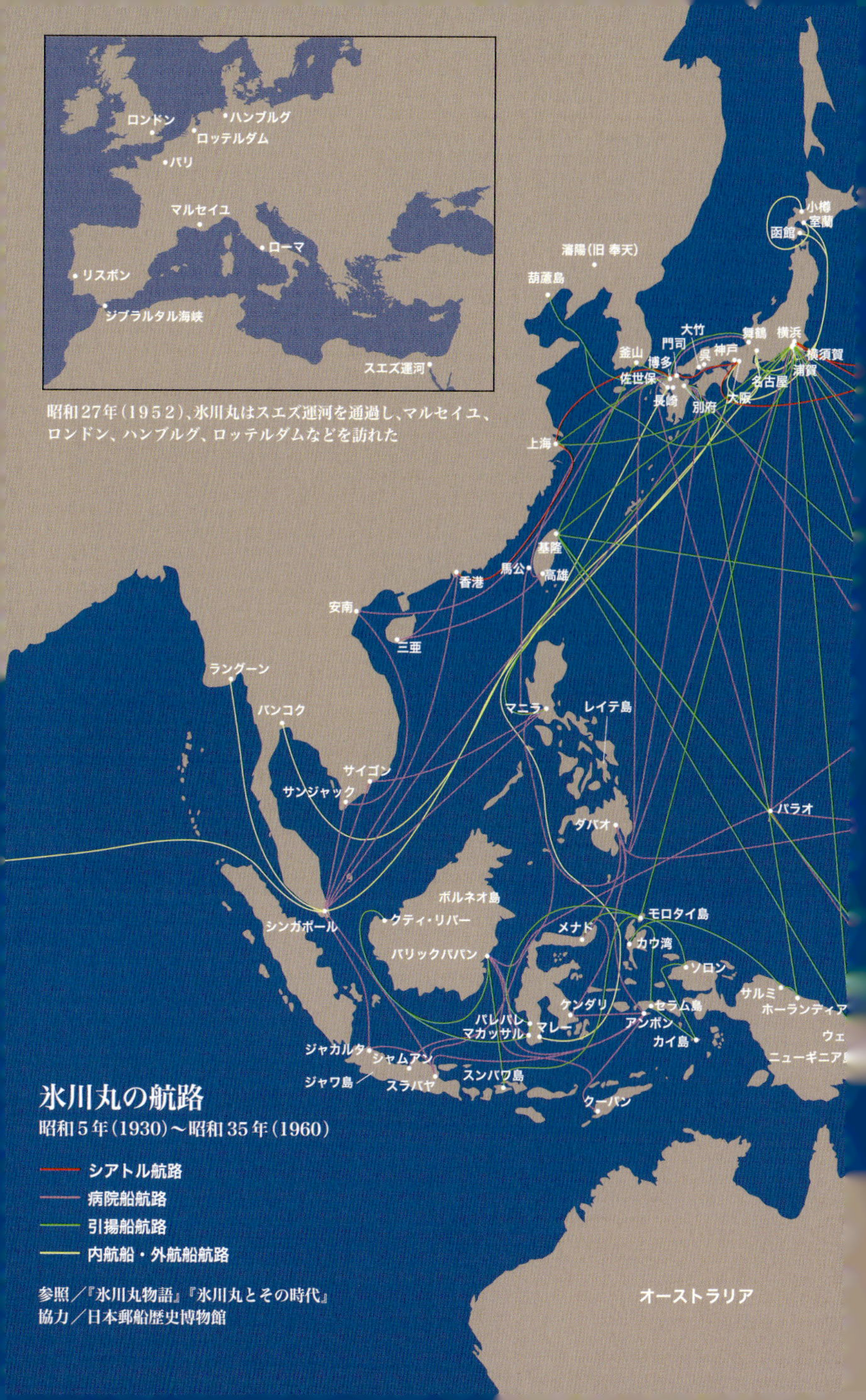

昭和27年（1952）、氷川丸はスエズ運河を通過し、マルセイユ、ロンドン、ハンブルグ、ロッテルダムなどを訪れた

氷川丸の航路

昭和5年（1930）〜昭和35年（1960）

- シアトル航路
- 病院船航路
- 引揚船航路
- 内航船・外航船航路

参照／『氷川丸物語』『氷川丸とその時代』
協力／日本郵船歴史博物館

横浜山下公園特設桟橋に係留保存されている氷川丸

氷川丸が建造された横浜船渠跡。現在、帆船日本丸が係留されている旧横浜船渠第１号船渠。左奥には旧横浜船渠第２号ドックを復元した「DOCKYARD GARDEN」がある

5つの船台で建造が進む昭和4年（1929年）6月19日の横浜船渠の風景。
右から、秩父丸、日枝丸（まだ船の形になっていない）、氷川丸（中央）。

横浜船渠で建造中の氷川丸（昭和4年／1929年）

氷川丸進水式（昭和４年９月／1929年）

設計時に描かれたインテリアデザインの図面「カラースキーム」

一等社交室

一等食堂

一等読書室

チャップリンや秩父宮両殿下らが利用した一等特別室の寝室（上）と居間（下）

一等児童室

アールデコ様式の一等社交室

船名を授かった氷川神社の神紋
「八雲」がデザインされている
船内中央階段の手すり

竣工当時の絵葉書。船内郵便局の消印が押されている

大宮島（グアム）に停泊中の病院船氷川丸（昭和17年／1942年）

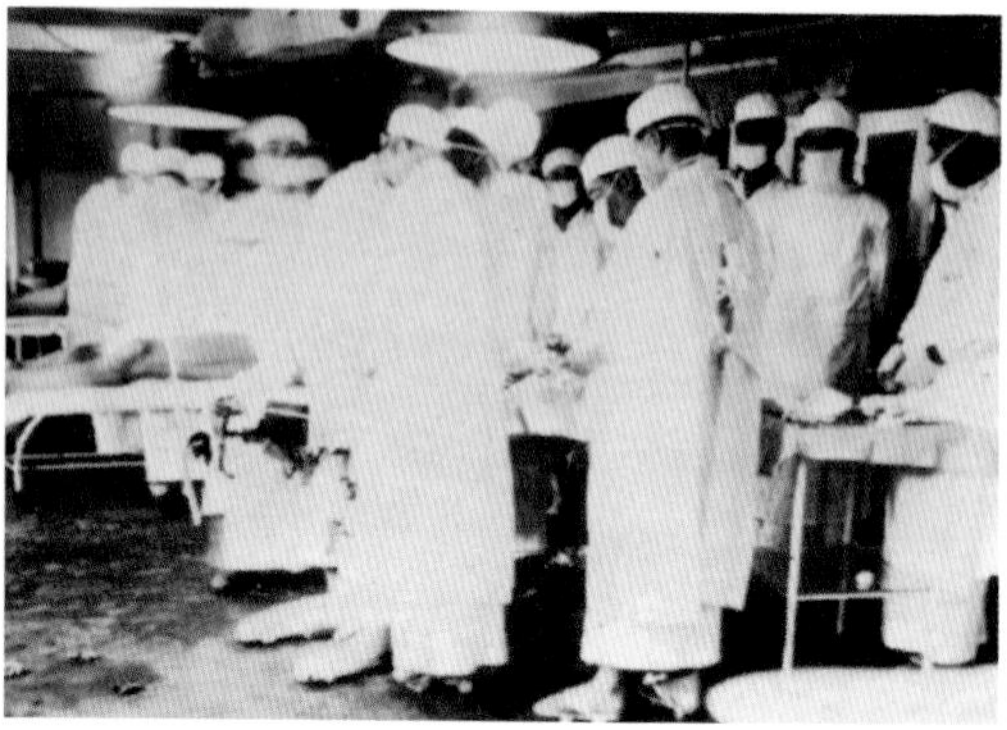

病院船内での手術風景（昭和17年／1942年）

病院船時代に寄港した、現在の佐世保港

「送るもの、送られるもの。口には出さぬが勇士は強く再起奉公を誓ふ。」と記された、ドキュメント映画『海軍病院船』のパンフレットより（昭和18年／1943年）

現在の舞鶴港。氷川丸はここで終戦を迎えた

浦賀港に最初に入港した引揚船、氷川丸（昭和20年10月7日／1945年）

復員船の甲板で。神奈川班の看護婦（昭和20年／1945年）

氷川丸と日赤派遣の看護婦たち（博多港、昭和21年／1946年）

孤児となった引揚者姉弟と運転士たち（昭和21年／1946年）。この50年後、姉は別れ際にもらった名刺を頼りに探し続けた竹澤鍾三等運転士（左端）と再会する

宝塚歌劇団。氷川丸にて渡米前、旧日本郵船正面玄関にて（昭和33年／1958年）

氷川丸船上で。宝塚歌劇団の一員としてアメリカ・カナダ公演に向かった寿美花代（昭和34年／1959年）

最後の航海を終えて横浜港へ（昭和35年10月1日／ 1960年）

最後の航海を終えて横浜港へ入港する氷川丸（昭和35年10月1日／ 1960年）

凡例

・本書は『氷川丸物語』（高橋茂著　かまくら春秋社　昭和五十三年刊）と『氷川丸とその時代』（郵船ＯＢ氷川丸研究会編　海文堂出版　平成二十年刊）の記述を踏まえるとともに底本とし、新たな資料、取材によって加筆し一冊とした。
・航海記録については、資料不足等により、不明、不完全な部分がある。航海記録等につき、『氷川丸物語』と『氷川丸とその時代』に齟齬がある場合は、『氷川丸とその時代』の記述を採った。
・記述に、一部、現代とは異なる表現等あるが、当時のままとした。
・文中の敬称は略させていただいた。

増補版 氷川丸ものがたり

装　　丁／中村　聡
カバー画／柳原良平

この本を読むにあたって

氷川丸と『氷川丸物語』

私は鎌倉で生まれ育った。今も仕事場は鎌倉にある。仕事場は小さいが窓は大きくとった。海が見えるからだ。海が好きだ。

高校は横浜駅に近い横浜平沼高校に通った。横浜港から遠くなかった。放課後、当時まだ走っていた本牧行きの市電に乗り、桜木町駅で降りた。ダルマ船のもやる大岡川を渡り、左手に曲り横浜生糸検査所の前を右に曲る。目の先には横浜シルクホテルがあった。横浜税関の前を通り左手に大桟橋が見えれば山下公園の入口である。

横浜ニューグランドホテルを背後に見て、公園中央のベンチに座る。左手の大桟橋に係留されている外国の大型船や湾内を行き来する艀の姿を目にするのが楽しみだった。有島武郎の『或る女』はすでに中学生の頃に読んでいた。主人公の早月葉子はこの港からアメリカに行く船の中で、事務長に恋をしたのかと、まだ純真だった高校生の胸は高鳴った。

右の目の端には氷川丸が浮かんでいた。正確に言えば「浮かぶ」ではなく、「係留されている」と書くべきなのかもしれない。でも、初めて目にした氷川丸は、今にでもシアトルへ出航しそうな気配だった。その後、時を経て或る新聞の依頼で書いた氷川丸の記事の中に次のような一節がある。

「二層の豪奢なシャンデリアがわずかに揺れていた。ボートデッキの足元から、小さな波音の繰り返しが伝わって来た。船は動いているかのようであった」

しかし、ヌーボフランセーズの豪奢な内装の一等サロンの窓からの景色は、水面からゆれ立つかげろうの中で、上下することがあっても移ろっていくことはなかった。それでも尚、大海原を行く豪華客船の船客の気分になった。

昭和五十一年（一九七六）だったと記憶している。私は鎌倉市役所の記者クラブにいた毎日新聞の高橋茂さんと、よく酒を酌み交わした。高橋さんは、ご自分のお子さんに近い年であった駆け出しの編集者の私を息子のように可愛がって下さった。ある夜の、これも酒の席だった。高橋さんが氷川丸の本を書きたいが、手伝ってくれないかと言った。高橋さんには氷川丸への特別な思い入れがあった。やがてその思いは二年近い時を経て『氷川丸物語』という一冊になった。

戦局が大きく傾いた昭和十八年（一九四三）、高橋さんは海軍に徴兵された。鹿児島の出水航空隊で、わずか三ヶ月の訓練を受けただけで、二十三人の戦友と軽巡洋艦「夕張」に乗り、十一月三日、ラバウルに着いた。ラバウルは三方を低い山に囲まれた深い湾だった。海の水はあくまでも碧く、熱帯樹林の緑は目が覚めるように鮮やかだった。日中の暑い日差しの中でも、ヤシの木陰に入れば涼しく、朝晩は凌ぎやすい気温だった。美しい風景や心地よい朝夕の風は、この世の楽園と思わせる程の、穏やかなものがあった。しかし、現実はそれとは大きくかけ離れていた。海軍の南東方面の重要な基地になっているラバウルは、日夜を問わず激しい空中戦が展開される地獄絵図の島であった。

それまで新聞記者として、ペンしかにぎったことのない高橋さんは、ジリジリ灼ける太陽の下での苛酷な肉体労働に、徐々に体力が奪われていった。やがて、マラリアに罹り、島内の官邸山と呼ばれる低い山の足元にある海軍病院で病と闘っていた。

昭和十九年(一九四四)一月三十一日、高橋さんはギラギラ照りつける太陽の中、空襲を避けて入ってきた病院船氷川丸に収容された。沖に停泊した氷川丸を初めて目にしたとき、船腹と煙突に赤い赤十字マークをつけたその姿は、気高く映った。その日以来、ラバウルは終戦まで孤立し、高橋さんを収容した氷川丸は、ラバウル最後の病院船になった。そのことを高橋さんが知ったのは、ずっと後のことだ。

戦後数十年を経ても、高橋さんはその日のことを一日として忘れることはなかった。

高橋さんと私は、氷川丸の数奇な運命の足取りを辿る作業に着手した。

執筆作業の途中で高橋さんはガンに冒され、氷川丸関係者の取材はもっぱら私が担当した。当時の厚生省の引揚援護局にたびたび足を運び、多くの史料をあさった。日本郵船の史料室では、埃にまみれた史料を丹念に読んだ。

『氷川丸物語』の出版記念会は、氷川丸の宴会場で開かれた。もう病の末期にあった高橋さんの姿は痛々しかったが、顔は晴れやかだった。その後間もなく、高橋さんは亡くなられた。

氷川丸をめぐる人たち

病院船氷川丸初代病院長、金井泉先生の信州松本のお宅には何度も足を運んだ。庭先に連なる林檎の木に手をのばし、捥ぎたてをいただいた、まだ少し酸っぱかった林檎の味を今でも思い出す。医学者としても世に知られる金井先生が昭和十六年（一九四一）に著した『臨床検査法提要』は、七〇年の時を経た今も版を重ね医学生のバイブルとなっている。

「軍人である前に医者として、医者である前に人間として、戦況よりも戦傷者の容体を――」。これが赤十字の精神だと金井先生は淡々と言った。金井先生の、寝る間も惜しんでの回診は、敵味方なく続けられた、と当時の部下から多くの証言がある。金井先生のご紹介で、たくさんの病院船時代のスタッフにお目にかかり、たびたび「氷川丸会」にお招きいただいた。時には旅行にも参加させていただいた。

本文の中にも登場してくるが、喜劇王チャールズ・チャップリンは、氷川丸を彩る船客のひとりである。平成三年（一九九一）一月、私は岩波ホールの支配人だった高野悦子さんに誘われて、チャップリンの娘、マーゴット・チャップリンと東京で会食をする機会があった。マーゴットは、いかに父チャップリンが日本好きだったかと、その時に語った。マーゴットも父チャップリンと同じように天ぷらが大好物と言った。特に氷川丸のことに触れた話はしなかったが、きっと父チャップリンは訪れた日本の魅力の話の一つに、氷川丸乗船の思い出話をしたのではないだろうか。

取材当時、日本郵船の会長だった有吉義弥氏にも、大変お世話になった。チャップリンがその味を堪能したという、お座敷天ぷらの「花長」にも連れて行っていただき、チャップリンが口にした同じメニューの天ぷらをご馳走になった。

人間の縁とは不思議なものがある。有吉氏のお孫さんと、私の文学の師里見弴先生の姉高木志摩子さんが、歳は大きく離れているが、なんと長年のペンフレンドであったのだ。そのことを知って、私は有吉氏を鎌倉の里見弴先生のお宅にご案内したことがある。

里見先生は、那須に山荘があり、毎年夏には山荘で過ごすのを恒例としていた。この対面がきっかけとなって、那須にあった日本郵船社員寮の温泉をひいた広い風呂に、たびたび里見先生と浸った。

『氷川丸物語』巻末に、秩父宮勢津子妃殿下と有吉義弥氏に対談をお願いした。秩父宮両殿下は昭和十二年（一九三七）、昭和天皇の名代として英国国王の戴冠式に参列した。当初は往路に乗船した平安丸で帰国する予定だった。しかし両殿下はロンドンで体調を崩し、スイスで静養した。その後、盧溝橋事件が起こり、急きょ氷川丸で帰路についた。秩父宮妃は、北大西洋の荒天のおそろしさを口にされながら、オーロラの素晴らしさを話されている。海にはロマンと冒険があり、船はその上に生活というドラマをのせて走る。

就航以来、船員仲間の中で「軍艦氷川」と称される程規律の厳しかった氷川丸の最後の幕引きをしたのは、二十三代目の船長水谷勝二氏である。昭和三十五（一九六〇）年十月三日、シアトルより神戸への帰港をもって、氷川丸は客船としての使命を終えた。

「外国航路の客船の衰退は、飛行機の登場だけでなく、止まっている飛行機にさえわれ先に走りこむ、ゆとりを失った日本人の『心』にあるのではないか」という水谷氏の言葉が、私の胸に突きささった。

女優・寿美花代さんは昭和三十四年（一九五九）、宝塚歌劇団のアメリカ・カナダ公演のために氷川丸に乗船した。

「あんないい思い出は今に至るまで他にはありません」と言う。今もつらく切ないことがあったり、ちょっと寂しいなと思ったりしたときに車を飛ばして、氷川丸に会いに行く。中に入り、一番上にある一等客室から下級生が寝泊まりした船底に近い客室まで徐々に降りて行くとあの時の華やかな氷川丸の記憶がよみがえる。

しかし、今は同時に病院船だった氷川丸の姿が胸に迫る。ここに多くの若い兵隊さんたちが病やケガと闘って苦しんでいたんだな、と思い、涙を流すことがある。

世界でもこれほど強い運と数奇な運命をたどり、しかも、愛された船は少ない。戦前の豪華貨客船として、昭和五年（一九三〇）に五三日間の神戸からの処女航海以来、戦時の病院船、戦後の引揚船、そして再び外洋航路へと、大海の荒波を越えてきた。

太平洋戦争開戦時の、日本の船舶保有量は、約六四〇万トン。世界第三位の海運国を誇っていたが、終戦を迎えた時点での開戦以来の船舶損害は、八四〇万トンを超えている。戦時下の新造船も含めて、あらかた海のもくずと消えてしまったわけだ。病院船でありながら、空爆や魚雷によって沈没した船も少なくない。その中で、三回の触雷や潜水艦に遭遇しながら、使命を果たした氷川丸は、いかに強運の持ち主であったか。そして平成二十七年（二〇一五）で八十五歳になった。

この項の結びに

昭和二十二年（一九四七）、長谷川如是閑、小林秀雄、川端康成、中村光夫、中谷宇吉郎など多くのジャーナリスト、作家、学者が大挙して氷川丸で北海道へ旅しているのも興味深い。

昭和二十三年（一九四八）には高浜虚子一行がやはり北海道に氷川丸で渡り、船中で毎日、句会を開いている。激しい戦火の中を走り続けた氷川丸に平和と文化の光が再びともる一つの証である。

平成二十六年（二〇一四）、虫プロの関係者が来て、氷川丸の一生をアニメーションにしたいという申し出があった。『氷川丸物語』は、現下の社会状況の中では、個人情報保護法などに抵触することや、氷川丸が新たな脚光を浴びていることなども含め、高橋さんの『氷川丸物語』の記述を基に、改めて『氷川丸ものがたり』を書くことにした。本書は出来る限り高橋茂さんの原稿をとどめることにつとめた。併せて、郵船ＯＢ氷川丸研究会の編になる「氷川丸とその時代」の記述も使わせていただいている。

世界の各地で、今日の今の瞬間も銃弾が飛び交い、尊い命が失われている。私が育った時代は、この日本もそういう時代から遠くなかった。私の周囲には先の戦争で父親や家族を失った友人が少なくない。

戦争を知らない若い人たちへ平和の願いを込めて、この一冊を読んでもらいたい。平和であり続けることの難しさ、平和であることの幸福を改めて考えていただきたい。それは『氷川丸物語』を書かれた高橋茂さんの願いでもあるのだ。

時は遡ることは出来ても、起きたことを覆すことは出来ない。であるならば、過ちを繰り返させないために、記憶を風化させないことだ。

第一章　氷川丸　軌跡のはじまり

氷川丸誕生までの日本海運

ＪＲの桜木町駅東口の北改札を出ると視界は一挙に開け、目の先は高層ビルが林立するみなとみらい地区である。動く歩道を先に進むと右手に日本丸の白い帆が目に眩い。更にその先、地下にのびる石積みの階段で囲われた広場は、ローマのコロセウムを思わせる。或いは巨大な船の船底にも見える。もし、船底を想像したとすればそれは当然なことである。日本丸を浮かべた隣の巨大な水の容器とこのコロセウムや船底を思わせる巨大な器は、横浜船渠と呼ばれた造船所のドックの跡なのだ。氷川丸はここで誕生した。

昭和五年（一九三〇）四月二十五日午前十時半。徹夜で作業をしていた工員達は、最後の点検を済ませると眠たい目をこすりながら退船して行った。その姿を確認すると横浜船渠（昭和十年、三菱造船所と合併）の技師と、日本郵船派遣の艤装員達はフロックコートに着更えた。正午少し前、両社の幹部達がタラップをおもむろに上がってきた。艤装員達は一同を、船室からエンジンルームまで、船内を隅々まで案内した。郵船幹部の表情は満足気だった。氷川丸の航海への準備はすべてととのった。

四方を海に囲まれた日本は、御朱印船時代から中国や東南アジアの二十余国と広く交易、船の数は

MM21（横浜みなとみらい地区）に残された旧横浜船渠２号ドック跡／平成27年(2015年)

二百隻に上ったと伝えられている。しかし江戸時代前期（十七世紀前半）、植民地化を恐れた徳川幕府はキリスト教の布教に熱心なスペインやポルトガルの船の来航、日本人の海外渡航などを相次いで禁じた。

　さらに、寛永十二年（一六三五）の「武家諸法度」には五百石積（排水量百トン余）以上の軍船は造ってはならないという「大船建造の禁」があった。その結果、戦国時代から朝鮮戦役にかけ急速に発展した安宅《あたけ》船《ぶね》に象徴される強力な軍船技術は、そこでいったん進歩を止めてしまった。

　嘉永六年（一八五三）、ペリー来航による開国要求を契機に、幕府は鎖国政策の一環であった「大船建造の禁」を解いた。同じ年の十一月に、浦賀に造船所を、十二月には水戸藩に命じて石川島に造船所を建造させた。幕府はその後も長崎、横浜、横須賀の製鉄所と相次いで造船所を建設。加賀藩、薩摩藩、長州藩もこれに続いた。

　開国はしたものの長年の鎖国によって、外国貿易はもちろん、国内貿易すらも英国船を中心に外国船に頼らざるを得なかった。

明治時代に入ると、アメリカ船が勢力を伸ばしてくる。明治二年（一八六九）の初めにアメリカの「太平洋郵船会社（パシフィック・メール）」がサンフランシスコ~香港を結ぶ航路を開設、横浜・神戸・長崎・上海間の支線を開き、大型船の定期運航を行うようになった。

ところが、明治七年（一八七四）台湾出兵の際、日本政府は「太平洋郵船会社」に軍隊と軍需品の輸送を頼んだものの、アメリカ政府は中立を宣言してこれを拒否した。そこで、この依頼を引き受けたのが、岩崎弥太郎が開いた「三菱商会」である。明治八年（一八七五）三菱商会は、政府の命を受けて日本初の海外航路（上海航路）を開くことになる。政府は買つけた船の運航を三菱商会に委託した。

明治十五年（一八八二）には共同運輸、十七年には大阪商船が誕生。十八年には三菱汽船が共同運輸と合併、日本郵船となった。明治二十年（一八八七）には東洋汽船が生まれ、商船学校もできた。造船会社の技術も進歩、我が国の海運も急激に発展していった。

明治二十三年（一八九〇）五月、三菱造船所で日本最初の鋼製貨客船「筑後川丸」が建造されて、大阪商船に引き渡され、近代的造船が始まった。

日本郵船は明治二十六年（一八九三）に、ボンベイ航路を開設。翌二十七年、日清戦争が勃発すると、輸入船と新造船が爆発的に増えた。海外発展の気運が高まり、明治二十九年（一八九六）三月に欧州航路を、ついで八月にアメリカ・シアトル航路、十月には豪州航路を次々と開いた。いずれも日本初の海外航路だった。

シアトル航路開設の頃、日本からアメリカ向けの貨物、主として生糸は、サンフランシスコに陸揚げされ、鉄道でニューヨークなど東部の大都市に送られていた。一方、カナダとの国境にある太平洋沿岸の寒村、シアトルまで鉄道を布設したグレートノーザン鉄道（現バーリントン・ノーザン・アンド・サンタフェ鉄道）のジェームズ・ヒル社長はシアトルが東部の大都市と最短距離で結べる地形に着眼して、東洋とアメリカの貨客海陸連絡ルートの開設を計画。埠頭と倉庫建設を条件に、日本郵船に提携を申し入れた。それまでサンフランシスコ航路はアメリカの太平洋郵船の独り舞台だった。日本郵船にとっては願ってもない話だった。明治二十九年（一八九六）七月十一日、セントポールでの調印の運びとなった。

第一船、三池丸が神戸を出航したのは、翌八月の一日。途中、横浜に寄港、三十一日にはシアトルに着いた。青く晴れ上がった空に二十一発の祝砲が轟き渡った。

氷川丸が誕生したのは、それから三十四年後である。

氷川丸誕生

横浜船渠は明治二十六年（一八九三）に船舶の修理を目的に渋沢栄一と地元の財界人らにより

建造中の氷川丸／昭和4年4月（1929年）

創立された。大正五年（一九一六）に造船を始めたが、七千トン級以下の貨物船十七隻を建造しただけで、客船でもある氷川丸の建造はまったくの初体験だった。

横浜船渠の設計スタッフは三十二人だったが、氷川丸の建造で一挙に一五〇人を臨時に雇った。いかに氷川丸建造が大仕事だったかがうかがえる。

氷川丸の設計については、荒天で有名な荒海の大圏コース・シアトル航路だったため、船体は軍艦のように頑丈に造ることを要請された。当時、エンプレス型やプレジデント型などといわれる優美な流線型が流行していた。しかしシアトル航路は、一番高い位置にある、ブリッジの窓ガラスさえ波に破られるほど時化る。そこで、多少見かけは悪くともズングリ型に設計。外板も普通は十一ミリの鉄板の厚さのものを十六ミリにしてそれをオーバーラップさせてリベットでしっかり打ちつけた。

一等キャビンの窓でも、波が入らないように人がくぐり抜けられるか抜けられないかほどの小さな円窓にしなければならなかった。

明治四十五年（一九一二）四月のタイタニック号事故の後、世界的に大型客船の安全対策が見直され、昭和三年（一九二九）にSafety Of Life at Sea（海上における人命の安全のための国際条約）が制定されて、隣接する二区画が浸水しても沈没しない水密隔壁の配置が義務付けられた。日本では昭和八年（一九三三）に施行されたが、「氷川丸」はこれを先取りした安全設計になっていた。

エンジンも強力なものが要請された。当時の機関の主機（プロペラを回転させるためのメインエンジン）は、主として蒸気タービン（高温高圧の蒸気を吹き付け、羽根車を回転させてプロペラを回す）と、レシプロエンジン（蒸気機関車に使用されたもの）が使われていた。しかし、ドイツ・スウェーデン・デンマークなどでは、大型ディーゼルの研究開発が進められ、実用化されつつあったので、時期を同じくして日本郵船により建造された「氷川丸」「日枝丸」「平安丸」の〝三姉妹〟船にはデンマークのB&W社（バーマイスター アンド ウェイン）製の四サイクル四五〇〇馬力のディーゼル発電機三基を採用した。振動と騒音が少ないので乗客には大好評だった。（この型式のディーゼルエンジンが船に据付けられた状態で保存されているのは、現在では世界でも「氷川丸」だけである）

ディーゼルはピストンの上下に燃料弁が付いていて、高圧の空気で燃料油を噴射して、プロペラを回転させる複雑空気噴射式で、燃料油の消費量が少なく、出航の準備が短時間で出来、また前進後進の切り替え、発停が容易に可能という利点があった。

機関室上部

　ただし、初めて扱うエンジンなので、林成昭機関長、深草林吾一等機関士、吉野喜代松二等機関士らがエンジンの受け取りと勉強のために、昭和四年（一九二九）三月四日、東京からシベリア経由の鉄道でコペンハーゲンに向かった。彼らはＢ＆Ｗ社の工場で、主機の組み立て、調整、試運転に立ち会い、研究に取り組んだ。完成したエンジンは横浜まで運ばれ、現地から派遣されてきた技師と工員によって組立と調整が行われた。三人は帰国後、林機関長は「氷川丸」の、深草一等機関士は「日枝丸」の、吉野二等機関士は「平安丸」の艤装員に着任した。

　内部装飾はコンペになった。当初、氷川丸のラウンジ、喫煙室、読書室、サロン、ホールはフランスのモダンスタイルなので、パリのマーク・シモン商会に発注予定だった。しかし、国内業者から「なぜ、国内業者にやらせない」という抗議があった。コンペとなったが、結果はシモン商会になった。

大正十四年（一九二五）パリ万国博で発表されたばかりの、アール・デコ様式のインテリアも、フランス人デザイナーのマーク・シモンによって氷川丸に採り入れられた。今は「東京都庭園美術館（旧朝香宮邸）」と並んで、フランス直輸入のアール・デコ装飾をとどめる貴重な例である。

設計スタッフの土方義春が船内設計図を持ってパリに渡った。マーク・シモン商会の製作はチーク、樫、黒柿などを使い、彫も巧みで、芸術的な仕上りだった。組立方はベルサイユ宮殿にも見られるフランスの伝統的なもので、パネルをネジで組み立てていた。氷川丸誕生から四十七年後の昭和五十二年（一九七七）、山下桟橋に係留中の氷川丸サロン改修のため、パネルを取り外したところ、ネジを取るだけで簡単にはずせ、しかも傷みもなかったというから素晴らしい技術である。

板面はピカピカに磨かれていて、美しかった。磨き方はシモン商会の秘伝であったが、土方は横浜船渠で一番上手な塗装工に「言葉はわからなくても体で盗め」と命令。塗装工はシェラックをアルコールで溶かして、大きな綿のタンポで磨く方法を見事に体得した。以降、シモン商会の世話になることはなかった。

氷川丸の鋼板・鋼材などの材料、機関や機器などは、九十二パーセントを輸入して建造された。

既に記したがディーゼルエンジンと発電機はデンマークのB&W社。揚錨機など甲板機械はすべて当時最先端の英国製。欧州の技術導入は日本の産業界発展を刺激する起爆剤になった。

「氷川丸」と命名

「氷川丸」は、先にも書いたように、現在の「みなとみらい」地区のランドマーク・タワー付近にあった横浜船渠株式会社の造船所で、昭和五年（一九三〇）四月に竣工した。

四月二十五日、「氷川丸」受け渡し式の日。横浜船渠の技師と日本郵船の艤装員達や両社の幹部たちの点検を終えると、今までマストに揚っていた船渠の旗が降ろされ、郵船の旗がスルスルと揚った。

建造時の乗客定員は一等が貴賓用の特別室（寝室と居間二室）一つを含め、三十五室（一人〜三人室）、ツーリストクラス（二等相当）が二十三室（二人〜四人室）、三等が二十五室（四人〜八人室）で計二百八十三人（翌年には三等が四十八人増え、三百三十一人）。

四月二十六日に発行された船舶国籍証書の記載事項による主な要目は次の通りで、長さにはフィート・インチとメートル法の両方の数字が記載されている。

総トン数一万一六二一・七八トン、載貨重量トン数一万二七三・八四トン、長さ一五五・九

一等客室

四（全長一六三・三〇）メートル、幅二〇・一二メートル、深さ一二・五〇メートル、内燃機関B&Wダブルアクティング・ディーゼルエンジン）二基（四枚ブレード・スクリュー×二）、一万一〇〇〇馬力を備え、最高速力一八・二ノット、航海速力一五ノット、船級はロイズ（世界で最初の船級協会で、後にロイド船級協会〈en:Lloyd's Register〉となった船舶登録協会）を取得した。

　船の構造は九層のデッキを持ち、中央に三十二メートル強の長さの機関室がある。船長室と運転士室はブリッジの下で、機関士室はブリッジ後方のボートデッキ、その下に、上からAデッキ、Bデッキが一等船室、Cデッキの前方がツーリスト・キャビン、後方が蚕棚式の三等船室。

　当時の案内書を紹介してみる。

「一等船室は、パリの著名なマーク・シモン商会のデザインによるものです。総て浴室がつき、広潤で通風採光良く、心地よきベッドを備え、冷温ランニング・ウォーター、サーモタンク会社設計によるパンカー・ループル式換気装置と電気暖房設備があります。食堂、ラウンジ、喫煙室、読書室、エントランス・ホール、ヴェランダ、児童室を設けてあり、サービスは申すまでもなく、あらゆる船客待遇上、最善を期しております」「ツーリスト・キャビンは、他航路の二等に匹敵するものです。しかも乗船運賃はそれよりも低廉という特徴を持っておりますから、愉快にして、かつ経済的な旅行ができます。広潤、通風、採光も一等設備同様の注意が払われています。換気装置もパンカー・ループル式です」「三等は特に本航路におきましては、C甲板に食堂、B甲板にラウンジ、喫茶室を設け、浴室は日本式と洋式に分け、それぞれ男女別になったタイル張りの清潔なもので、洗面所も男女別に設けてあります。換気、暖房もパンカー・ループル式です」「このほか官設郵便局、公衆用無線電信取扱所、写真現像用暗室、理髪所、手荷物所、洗濯所、診療室、薬局、病室などは勿論、船内新聞の発行、映画、蓄音機、ラヂオ拡声器を備え、甲板上には遊戯道具が備えてありますから、船中で無聊を感ずることはありません」

第二次世界大戦前、氷川丸は「動くホテル」と言われたが、その言葉通りの豪華な船内だった。一等社交室は現在もほぼ建造時の姿で残されている。貨物を収容する倉庫は六番艙まであって、八千トン積載できた。

関東大震災後、新造船は不振であった。氷川丸の誕生は日本の海運界の興隆の象徴とも言える。日本郵船会社の隆盛は日本海運の興隆を意味した。それは又、横浜の港の男たちの賑いでもあった。そういう時代がしばらく続いた。

横浜にある藤木企業会長の藤木幸夫はミナト・ヨコハマの港運業界を取り仕切る重鎮である。藤木は熱く語る。

藤木が父の仕事を手伝い始めた頃は、横浜には世界から五十ヶ国以上の船が出入りしていた。その中でも最も信頼されていたのが日本の船会社、わけても日本郵船会社である。正月に「宮城」に行くようなつもりで、皆で打ち揃い日本郵船へ挨拶に行くのが年中行事の始まりであったと藤木は昔を懐かしむ。

藤木企業会長　藤木幸夫／平成27年4月（2015年）

「当時日本郵船の横浜支店長というのは横浜港における大統領です。正月の初出にあの建物前で支店長が来るのを待つんです。皆、自分のところの新しい半被を着て両脇に並び、車が来るのをお待ちしている。そして支店長が車から降り、

『みなさんおはよう。御苦労さんですね、寒いところ』

という言葉を待って、一斉にお辞儀をするんです。

『おめでとうございます！』

その時に支店長と目が合おうものなら、

『今年はツイている』と手を打ったものです」

藤木の父幸太郎は港湾業界にいち早く時代の風を入れた人物として知られる。その幸太郎が最後の入院をする数日前に会社へ来た。藤木は父に呼ばれたが、客の対応をしていた。用が済み父の部屋へ行くと
「お客様ってだれだ？」

と聞かれたので
「日本郵船の横浜支店長です」

答えた途端、ものも言わず父に殴られた。

「お前はいつから郵船の支店長さんを呼びつける身分になったんだ」

「父からすれば、日本郵船の横浜支店長は神様ですから、その神様を粗末に扱ったということなんですね」

藤木は言葉を足した。

氷川丸という船名は、首都圏に二百八十以上ある氷川神社の総本山、武蔵一宮氷川神社（埼玉県さいたま市大宮区高鼻町）に由来する。氷川神社は略記によれば、第五代孝昭天皇の時代に、出雲

氷川神社へ参詣

の氷川上流にあった神社を勧請して創建。明治天皇が行幸後は毎年勅使が差し向けられていたという格式高い神社である。氷川丸の中央階段の手すりには氷川神社の「八雲」の神紋と榊を入れる壺のような模様があしらわれている。操舵室には、船内神社として氷川神社から分祀された神棚がまつられている。

船がドックに入ったり、一斉船内消毒の日などは、乗組員たちは隊伍を組んで氷川神社を参詣していたという。氷川神社本殿の神庫には氷川丸の救命浮き輪と羅針盤が奉納されている。現在でも船長は毎年、神社例大祭のある八月と、お札をもらう十二月には足を運ぶ。

処女航海

氷川丸は横浜船渠第一七七番船として建造された。竣工引き渡しは、昭和五年（一九三〇）四月二十五日。しかし、プロペラに不都合が生じたため翌二十六日再び、横浜船渠第一号ドックに入渠し、一週間かけて交換が行われた。その後、五月八日横浜五号岸壁に着岸、約五百人の客を招いて盛大なレセプションが開かれた。ピカピカの船体にマストから万国旗を吊るし、満艦飾の装いをした。翌九日は一般公開日で見学者は一千人を数えたという。そして、この日の夕方六時、シアトル航路の起点となる神戸に向かって出航。十日午後五時、神戸に着岸。

五月十三日神戸を発航港として第一次航をスタートした。神戸、四日市（三重県）、清水（静岡県）でも盛大なレセプションと一般公開を行い、積み荷をして十六日、横浜に寄港。そしていよいよ十七日に岸壁を埋めた人々の見送りと歓声を受けて横浜を出航。湾内に停泊中の船は一斉に祝いの汽笛を鳴らした。氷川丸は、シアトルに向け、航程約二万キロの処女航海の途に就いたのだ。

氷川丸初代船長　秋吉七郎

船長には秋吉七郎が任命された。氷川丸は後年、船員仲間で「軍艦氷川」と呼ばれるようになった。それは船体の偉容だけでなく伝統的に規律が厳しかった。その礎はこの初代船長・秋吉七郎によって築かれた。

昭和二十三年（一九四八）に一等機関士として氷川丸に乗船した山田節郎は、他の船でも秋吉船長の部下を経験している。

インゲンマン技師（二列目左より三人目）と機関部員／昭和5年（1930年）

「ブリッジで勤務中の四時間は煙草も吸わしてくれない。風呂に入って髪を洗い、ボサボサ頭をしていたら、坊主にするぞ、と叱られた。制服の麻の白いズボンがしわになっていたり、寝転んだりしているのを見つけられては、船長室に呼び出され説教を食らった。しかし汚れた靴下をはいていて説教された後、新しい靴下が三足届いた。自分に対しても厳しく、お付のボーイがいるのに、下着類は全部自分で洗濯していた」

　乗組員は秋吉七郎船長以下、甲板部五名、機関部十二名、事務部三名、衛生部一名、無線電信部二名で職員が合計二十四名。臨時職員として甲板部が水夫長・倉庫番、舵取り、水夫の計二十七名。機関部三十名、事務部はボーイなど含む六十六名。このほか、見習い運転士、機関士、郵便局員、電報局員。

　それに、船の機関を製造したデンマークのB&W社から保証機関士としてインゲンマン技師が加わり、一五九名が乗船した。

日本の船でありながら、明治末期までは外国航路の船長と高級士官はほとんど外国人だった。海外の保険会社が積み荷の安全を保証する貨物保険を、日本人は経験が浅いという理由で引き受けなかった。日本人が遠洋航路の船長や機関長になることは困難だったのだ。

郵船を例にとれば、日本人船長は明治二十九年（一八九六）十二月、ボンベイ航路の「廣島丸」に乗船した島津五三郎が最初だった。この時の取締役会議事録には「保険会社は保険料の割増しをなし、荷主は出荷を見合わすなど、会社の体面を汚す懸念なしとせざるも、いつまでもこれを懸念せば、到底日本人海員をして、外国航路に乗り組ましむるの機なく、また海事の発展望み難き故、この際多少の損失を覚悟しても、海員奨励のため、ともかく試験的に廣島丸はことごとく日本人乗組員とすることに決定した」と記録している。

やがて、日本人船長の優秀さが知られるようになると、次第に切り替えられ、大正九年（一九二〇）、E・コープ船長の「北野丸」の下船を最後に、外国人船長は姿を消し、高級船員約千四百人全員が日本人となった。

処女航海の氷川丸一等船客の中には評論家・鶴見裕輔（政治家後藤新平の娘婿。社会学者鶴見和子・哲学者鶴見俊輔の父）が乗船していた。食堂で「太平洋上にありて祖国を顧みる」と題した洋上講演をしている。三等船客には六十三人の移民が乗船し、どのクラスも船室はほぼ満員だった。甲板部の記録によれば、その後の航海ごとに八十人から百二十人の渡米移民が記録され

キャビンクラス案内所。左のポストに投函すると船内郵便局の消印が押された

ている。

シアトル航路では氷川丸に初めて船内郵便局が設けられ、郵便局員が乗船した。現代のように航空郵便が発達していなかった時代、国策の一つである郵便物の輸送は定期船にとって最も重要な業務の一つだった。それらの船はメイルシップと呼ばれた。

シアトル入港

アメリカ西海岸有数の都市シアトル。市名はこの地に先住したインディアン部族であるスクアミシュ族のシアトル酋長の名に因んでいる。スクアミシュ族は十九世紀にアメリカ連邦政府によって保留地へ強制移住させられ、シアトルがうまれた。この部族がこの地を離れる際の、シアトル酋長の演説の中に「町の発展はグレートノーザン鉄道を父とし、日本郵船を母とする」という一節がある。

氷川丸のシアトル入港が近づくと、シアトルのラジオ、ＫＯＭＯ放送局から氷川丸歓迎の放送が盛んに聞こえてきた。ところが、アナウンサーは「ＨＩＫＡＷＡＭＡＲＵ」を「ハイカワマル」と発音していたため、最初は乗組員たちもほかの船の事だと思った。「ハイカワマル」という愛称はこの時に始まり、昭和三十五年（一九六〇）、氷川丸がシアトル航路を撤退するまで約三十年シアトル市民に慣れ親しまれた。

五月二十七日正午、シアトルと海峡を隔てた向かい側にあるカナダのビクトリアに寄港。新聞記者らが乗船してきて取材が始まった。荷揚げをして午後二時に出港した。

太平洋からの海風などに影響を受けにくいエリオット湾。現在ではパイオニア・スクエアと呼ばれ、一九〇〇年代初期に建てられた古い建物が並んでいる。この湾の入口にゆっくりとその優雅な氷川丸の姿が現れると、入港を待っていた大勢の人々から大歓声が上がり、数隻の消防艇が何本ものホースで空に向かって歓迎の放水を始めた。往き交う船、停泊している各国の船も一斉に汽笛を三声、港にその音がこだました。花火も次々に打ち上げられ、空中で炸裂するとアメリカや日本の国旗、日本郵船の社旗が付いたパラシュートが開いて、空中をゆっくりと舞い降りた。

午後六時過ぎ、グレート・ノーザン鉄道の桟橋に着桟するとシアトル市長フランク・エドワードをはじめ、市の有力者や日本と交流の深い関係者らが乗船してきて、秋吉船長に歓迎の意を表した。

松本国三郎次席一等運転士の日記には、以降の氷川丸の動向が次のように綴られている。

『五月三十日、今日はアメリカの招魂祭ともいうべきメモリアルデーである。明日からの招待日の準備に忙殺される。夕食後、近くの山に登った、そこから見下ろすと、船が実に美しく見える。

三十一日、正午から十七時まで、学校及び一般団体に公開。

六月一日、あいにく朝から雨が少し降ってきたが、それでも観衆は引きもきらず、またたく間に船内は一杯になってしまった。米国人と日本人が半々位だった。締め切り間際にも多数来たので一時間半延ばし、結局九、五〇〇人を入れて、今日の公開を閉じた。西洋人も日本人も、みなきれいだと喜んでいた。

米字新聞もラジオも本船の今日の公開を宣伝していた。とにかく大成功。

二日、明日バラ積みの麦を積むので、その準備をする。煙突のマークを探照灯で照らし美しく見せた。

三日、八時過ぎから積荷を始める。一時間百トンの荷役速力シュートで、どんどん積み込むので早い。十八時半頃今夜の披露晩餐会に招かれた人達がやってくる。今夜は公式晩餐とあって、来る人は市当局（市長は欠席）商工会議所、税関、移民局など米人が主であった。

四日、お昼ころ午餐に招かれた鉄道旅客係員、米人荷主、日本協会幹部、邦人会社支配人など来船したので案内、十四時半ごろには米婦人旅行業者が茶会に招かれて来たので、これまた案内。

五日、十九時出航、バンクーバーに向う。途中、米国小汽船、三声を吹いてわれらに敬意を表してくれた。

六日、五時半頃入港。揚荷、積荷を開始、十七時に止める。十九時頃公式晩餐を開く。市長その他市の有力者が多数来た。市長から船長へ金時計と楯の贈物があった。

七日、十一時半頃日本人小学校の佐藤博校長が、男女児童百人を連れて来船。午餐会は立食で中国人も多かった。

八日、十時から一般公開。定刻前から続々と押しかけて十四時ころは、船内は見物人で充満してしまった。本日の見物人計一万五千人を突破、驚くべき数字だ。

十日、十時出航、ビクトリアに向い、十四時着。小さい町である。人口十二万とか。

十一日、この市では半休日として午後から相当の人出あり、締切りまでに四千人を計上した。当地の人口からして大成功。客退散後十一時解纜、エベレットに向かう。

十二日、六時半、桟橋に繋留。ここでは材木だけを積む。小さい町らしい。在留邦人も多少いると見えて数十人見物にきた。

十三日、積荷は十一時に終ったので直ちに出航、十三時半頃シアトルの会社桟橋に到着、ただちに積荷にかかる。二二時頃横浜丸が日本から入港す。

十四日、八時から十七時まで積荷。今日も相当に船内を見せてくれといってくる者が多い。夕方、買物に出かけたが、日本人街は前に他の船で来たときより寂しくなっていた。移民法に祟ら

処女航海の氷川丸、バンクーバーにて／昭和５年６月（1930年）

れて発展できないらしい。

十五日、米国の友人の招待で三一マイル離れたタコマまでドライブ。別道をシアトルへ帰る途中、日本人農家が沢山あった。真っ黒になって働いている。これらの人達に排斥の事実がなからんことを熱望す。

十七日、総てのシアトルにおける仕事を終えて十一時出航。日本に向う。当地のワシントン、スタフォード両小学校の校長さんが、日本人父兄の後援で日本視察に、本船で行かれる。十六時頃ビクトリア着、船客を乗せて十七時半出航、横浜に向う』

連日、合わせて五万人以上の人々が氷川丸を訪れた。いかに氷川丸が脚光を浴びていたのか、松本の日記が物語っている。

復航は六月十七日ビクトリアを出港。二十九日早朝五時半、銚子沖を通過、午後一時半、横浜本牧に投錨、検疫を終わって横浜に入港したのは午後三時だった。四十四日ぶりである。その後、神戸から門司港に。門司鉄道局のブラスバンドを伴った数千人の市民の歓迎を受けた。
七月七日、東シナ海から、八日には上海へ。同日出港し、帰着港香港へ。
神戸発航より六十三日間、一万一三三八海里、約二万一千キロの処女航海だった。

第二章　戦前—シアトル航路時代

評判の料理 荒れる海

現在、若者たちはパソコンを駆使し自由に世界旅行のプログラムを組み立てる。熟年世代には旅行のパッケージメニューが用意されている。懐に余裕があれば豪華客船の旅も楽しめる。

氷川丸が就航した昭和五年（一九三〇）当時、海外への渡航は容易なことではなかった。それは交通手段や資金面だけのことではない。たとえば、当時、アメリカに入国できるのは「非移民」と「非歩合移民」に限られていた。

「非移民」とは「政府の官吏とその家族、従者、僕婢及雇人」「一時的に旅行者として、また一時的に用務、若しくは観光のために渡航する者」「米国国内を通過する者。例えば、米国経由渡欧する場合など」「米国の港に到着する船舶の乗組員で、単にその職務のため一時的に上陸する者」「現行通商航海条約の規定に準拠し、単に商業を営む目的で入国し得る者」のことである。

「非歩合移民」とは「入国前、いずれの宗教を問わず布教師の職にあった者。または大学、専門学の職にあった者。または大学、専門学校、宗教学校の職にあった者で、単にその職に従事する目的で入国せんとする移民と、同伴する妻と十八歳未満の子女」「十五才以上の善意の学生で、単に公認された学校で勉学のため入学せんとする移民」を指していた。

その背景には、大正十三年（一九二四）制定の「排日移民法」によって日本からの移民そのものをアメリカが禁止したように国と国の問題が横たわっていた。アメリカには、有色人種への差別感もあって、日本人移民の農業分野への進出と出生率の高さから、このままでは日本人移民に国を支配されるのではないかという危惧があった。同法の制定を前に、アメリカ政府はすでに日本人移民の土地の取得、アメリカへの帰化を禁止していた。

様々なハードルをクリアできたとしても、庶民には運賃が重くのしかかった。

たとえば、昭和五年（一九三〇）、氷川丸就航当時のシアトル航路運賃は、一等が片道二五〇ドル（当時の日本円で五〇〇円）、ツーリストキャビン一二五ドル（同二五〇円）、三等は洋食・中華食コースが七〇ドル（同一四〇円）、和食コース五〇ドル（同一〇〇円）だった。一〇〇〇円あれば家が一軒建った時代であることを考えると、いかに高額だったか分かる。ただ、殊に一等の場合、それに相応しい食事やサービスが提供されていた。ちなみに、ある日の一等船客の晩餐メニューを紹介する。

一、オードブル（ビーツローツの酢漬け賽の目切り、イワシのロイヤル風、ソーセージかロースハム、熟したオリーブ）

一、スープ（シュークリームの皮入りコンソメか、なすのデュクセル詰め焼き入りポタージュ）

一、魚料理（かますのノルマンディー風）
一、アントレイ（若鶏のジョルジュサンクか仔牛の喉頭肉の蒸し煮に野菜と果物の混ぜ合わせ添え、マシューほうれん草と軽くボイルした卵）。この代わりに和風の吸い物、てんぷらを注文しても可
一、肉料理（牛肉、バラローストのヨークシャー風か山シギのロースト赤干しぶどうゼリー）
一、コールド（ローストマトンかコンビーフ）
一、サラダ（レタスときゅうり）
一、甘い物（すもものプディング・バニラソースかクレープアイスクリーム・フィンガー）
一、セイヴォリイ（チーズストロー）
一、デザート（クラッカー、ビスケットとチーズの組合せ、びわ、もも、しょうがの砂糖漬のドライまたはビン詰、各種ナッツ類、コーヒー）

贅沢なメニューに目を奪われる。晩餐には連日、このような品が食卓を飾った。氷川丸の食事は味も一級品だった。日本郵船の副社長を務めた釖内《かんなうち》勇は、その秘密についてこう語った。

「日本郵船は当時、料理にとても力を注いでいました。フランスから腕利きの料理人を年俸一万五千円で雇っていましたし、料理人養成所を横浜に開設して司厨員に勉強させていたくらいです。

三等食堂

特に氷川丸の食事は評判で、アメリカのロックフェラーが、こんなにおいしい料理は初めて食べたと驚いたほどです。評判を耳にして、他の船をキャンセルして氷川丸に乗船する外国人も珍しくありませんでした」

一等船客はゆったりと食事を楽しむことができた。一等には、ナースと呼ばれる子どもたちの世話を専門とするエプロン姿の女性三人が児童室に配置され、一日中、子どもたちの面倒を見ていた。子どもたちの食事時間は、晩餐とずらして設けられていた。

晩餐は、タキシードにイブニングドレスだった。船長をはじめ高級船員もタキシード姿で同席した。食事には当然ながらマナーが求められた。一等の船客には「船内御注意」という栞が配られた。その「はしがき」には、こんな記述があった。

「船内では風俗習慣を異にせられる各国の方々が一ヵ所にお集りになって、談話に、御食事に、恰も一家族のような生活をなさいますので、自然礼儀作法等も凡てが国際的となり、陸上に於けるとは一種異なった空気が醸成されて居ります。中には『日本の船ではないか、領土の延長たる自国船の中で西洋の風習に倣うなんて怪しからぬ』と言わるる方もあるかも知れませんが、国際的な事業を営み、外国を顧客とする以上、日本人同志は内輪であると考え、外国人を一人でも多く惹きつける様に協力することこそ国富を益す所以ではありますまいか——」

国富、日本にとって経済、ひいては日本人観への貢献のため氷川丸はじめ日本郵船の外国航路の乗組員は、船客へのサービスに意を用いた。殊に、船客と直接、接する機会の多いボーイは国富を増すうえで重要な役割を担った。日本郵船の「給仕の執務心得」は、次のようにボーイを位置づけていた。

「給仕は船客の身近かに奉仕する関係上、その執務ぶりの良否は直ちに一船の評判となり、或いは会社の名声に影響する場合もあり、また日本船に初めて乗ったと云う外人客は、給仕のサービスを通して日本国民を観察し得たりと為す場合もあって、船の給仕はなかなか重大な使命を持って居ると云える」

なかでも一等船室担当のボーイたちは、英会話ができなければ務まらなかった。欧米風のマナーも身に着ける必要があった。常に細心のサービス提供を心掛け、短時間のうちに個々の乗客の食の嗜好まで把握する観察眼も求められた。

乗客は卓越したサービスを受けながら、船の旅を楽しんだ。たとえば、すき焼きパーティーも

船内スキヤキ・パーティー

そのひとつだった。もっとも氷川丸就航以前から日本郵船のいずれの海外航路でも定番のイベントとなっていた。同社ではすき焼きについての英語版パンフレットを作成し、外人客にすき焼きの魅力をアピールした。昭和八年（一九三三）版にはこうある。

「一航海に一度は催される『スキヤキ・パーティー』に参加し、フジヤマの国の民族的な雰囲気とともに、その香ばしい料理『スキヤキ』を味わったとき、これぞ真に目新しい料理であることを悟り、船旅に日本船を選んだのは賢明だったと、自らを祝福したくなるであろう」「スキヤキ料理ではお客自身がシェフとなる。これがまたスキヤキ料理の魅力の一つで、見知らぬ同士が食卓を囲んだときのよそよそしさを打ち破るうれしい特徴である。勿論そこにはテーブル中央の大きな料理を取り仕切る采配者がいる。さまざまな色合いの野菜と牛肉のスライスが山のように載せられた大皿がマスターシェフの前に置かれる……」

すき焼きパーティーはプロムナード・デッキに畳を敷いて開催された。このほか、船内では映写会やダンス・パーティー、演芸会、運動会などが行われ、乗船客に暇を感じさせなかった。

当然のことながら、一等と三等では食事の内容等に大きな差があった。三等客の食事は日頃、一般家庭で食するような、たとえば、焼き魚など一汁二、三菜だった。また、三等客は、一等やツーリストキャビンのエリアに勝手に足を踏み入れることは許されず、一等のデッキを見学したければ、その旨、事務室に申し込まなくてはならず、見学の際には係員の案内が必要だった。

快適な船旅のために常に努力を怠らない乗組員に対して、大海原は穏やかな表情を浮かべてばかりいるわけではなかった。シアトル航路のコースは、千島列島、アリューシャン列島に沿って進み、アラスカ半島から南下しシアトルをめざした。このコースが最短距離だったためだ。

しかし、北の海はよく荒れた。穏やかといえるのは一年のうち五月から七月までの三ヶ月ほどだった。とりわけ冬季は荒れ具合がひどかった。向かい風をまともに受ける復路は操船も容易ではないほど海は荒れた。

たとえば、昭和六年（一九三一）十二月にシアトルに向け船出した氷川丸は、八日間にわたり揺れが続いた。同月十七日夜になって木の葉のように揺れだした氷川丸は翌日午後には左舷に二九度、右舷に二五度の傾きを記録した。サロンのソファもひっくり返った。戦後、シアトル航路に復活してからはグランドピアノまでも同じような状態になったことがあった。揺れで体調を崩した乗客たちのために、ボーイたちはバケツを手に「お変わりございませんか」と船室を巡った。貨客船である氷川丸にはもちろん荷物も積み込まれていたため、乗組員は海の荒れた日に限らず積荷にも気を配った。どのような荷だったのか。

日本からの積荷は、生糸や陶器、茶や雑貨類、玩具、敷物、カニの缶詰、綿製品、豆類、除虫菊、骨董品などだった。シアトルからの復路には、小麦、小麦粉、塩漬魚、亜鉛、銅、鉛、鋼材、自動車部品、木材やパルプ、牛皮などが積まれた。臭気その他、物によっては乗船客の不評をかうこともあった。

処女航海の復路、生乾きの牛皮を積んだ。目張りをした貨物室を用意したが、しっかりと乾燥したものではなかったため、なんともいえない動物の腐臭が三等船室に流れ込んでしまった。乗船客ばかりか乗組員の間にも怒りの声が上がった。しかし、牛皮は軍用品に用いられる品であった。氷川丸は運搬を引き受けざるを得なかった。当時の世相をあらわす話である。

昭和六年（一九三一）十月には、塩をした鮭の上に鰊を積んだために鰊の汁が鮭にしみ込んでしまって匂いがうつり、荷受け主に「これじゃ商品価値がない！」と叱責されたり、処女航海のときには、シアトルに運んだ金魚の約三割が死んでしまったこともあった。毛皮用のウサギを日本に運んだ折、一匹のウサギが子を産んだ。当時（昭和六年八月）の「甲板記録」には「かかる場合は餌をやるとき以外は近寄らぬがよし。何となれば、仔を産みたる親は人の足音に恐縮して飛び上り、仔を踏みにじり、狂乱状態となりて食い殺す恐れを以ってなり」と記されている。氷川丸はウサギの他に子象、馬も乗せたこともあった。

海の男たちは心地よい船旅のために、乗船客はもちろんのこと、金魚やウサギ、子象や馬にまで気配りを怠ることはなかった。

チャップリンと秩父宮両殿下

イギリスの名優チャールズ・チャップリンが初めて日本の土を踏んだのは昭和七年（一九三二）のことだった。映画『街の灯』を完成させたチャップリンは同年三月十六日、兄のシドニーと連れ立って、ヨーロッパはじめシンガポールや当時の蘭印領の島々、日本を観光するためにイタリア・ナポリを船出した。乗船したのは、日本郵船の諏訪丸である。二十七日にはシンガポールで下船。南方の島々の風光を堪能したのち五月七日、やはり日本郵船の照国丸に乗り込み、同月十六日、神戸に着岸した。

喜劇俳優チャップリンの日本での人気は大変なものだった。ラジオ番組に出演し、多くのレセプションに出席しながら、チャップリンは京都や東京を訪れて名所旧跡を歩き、歌舞伎観賞などを楽しんだ。東京・日本橋の料理屋「花長」で食した江戸前の天ぷらの味わいを大層、気に入っ

「花長」で天ぷらを愉しむチャップリン（中央）。左端は兄のシドニー・チャップリン、右より三人目は政治家の犬養健／昭和７年（1932年）

た。いつの時代も人気スターの獲得は大きな宣伝になる。チャップリンの帰国に際しては、日本郵船のみならずアメリカのダラー汽船、カナダの太平洋汽船も名乗りを上げ、チャップリン争奪戦が繰り広げられた。チャップリンが日本郵船の氷川丸への乗船を決めた理由のひとつは、天ぷらにあったのではないかともいわれる。

六月二日、チャップリンを乗せた氷川丸は横浜港を出港した。同十三日にシアトルで下船するまでのチャップリンの日々は、どのようなものだったのか。

一等運転士として氷川丸に同乗していた松岡実男の家族が松岡から聞いたところによると、チャップリンは無口な紳士で、ひとりキャビンで過ごすことが多かった。また、早朝ひとりデッキを散歩し、特別室に籠っては読書に明け暮れた。食事の時間になっても食堂に姿を現すことなく、部屋に運ばせた。

カレーライスにも目がなかった。昼食時、カレーライスの注文が多かった。そのため、司厨員は材料に、味付けに、毎日のようにアイデアを凝らした。「船とホテルの接客心得」(郵船五月倶楽部・編、一九三六年)によると同社の客船、貨物船を問わず、昼食のみならず朝食や晩餐のメニューからカレーライスが姿を消すことはなかった。陸でも海でも、カレーライスは古くから日本人の人気メニューだったのである。

チャップリンは昭和十一年(一九三六)にも夫人(女優ポーレット・ゴダード)とその母親と連れ立って日本郵船の客船に乗り来日している。その折、チャップリンは、同社の客船を利用する理由として、清潔さ、食事のおいしさ、船員たちのもてなしの心(細やかな心遣いや礼儀正しさ)、そして、優れた技量などを挙げたといわれる。平成三十二年(二〇二〇)の東京オリンピック誘致活動の中で、フリーアナウンサーの滝川クリステルの発した日本人の「おもてなし」がその後の流行語になった。それは今はじまったことではない。

秩父宮殿下勢津子妃殿下が氷川丸の客となったのは、チャップリンが二度目の来日を果した翌年の昭和十二年(一九三七)秋である。イギリス国王ジョージ六世の戴冠式に天皇の名代として出席、その務めを果たしてカナダ・ビクトリアから横浜に向けて帰路に就くことになったのである。

両殿下が氷川丸の姉妹船である平安丸で横浜港を旅立ったのは昭和十二年三月十八日のことだった。バンクーバーで下船、大陸を横断してニューヨークから大西洋を渡り、イギリス・サザ

乗船の秩父宮両殿下を舷門前にて迎える釟内船長

ンプトンで戴冠式に臨んだ。その後、アメリカに戻ってゆっくりと見物し、サンフランシスコ、ホノルルを経由して帰国の予定だった。しかし、同年七月、中国・北京郊外の盧溝橋で日本軍と中国軍が衝突、日中戦争のきっかけとなる盧溝橋事件が起こったため帰国を早めることになった。

船長の釟内《かんなうち》晴磨が夫妻の同乗を極秘事項として本社から知らされたのは八月の末日のことだった。盧溝橋事件から日華事変へと事態は進展していた。不測の事態も考えられないことではなかった。

両殿下を迎える準備は入念に行われた。氷川丸の特別室の模様替えに機関・設備の修理、調整。船内は隅々まで消毒され、乗組員は身体検査を受けた。人員も増員された。夫妻一行用の品々を積み込み、氷川丸が横浜港を出港したのは九月九日のこと。二十日にバンクーバー到着後も、釟内船長は両殿下が乗船するビクトリアに出向いて船会社や警察署、移民局などを訪れ両殿下の出発に手抜かりのないように打ち合わせをした。積荷、船客の手荷物は中身を確認し、不審なものは持ち込みを拒否した。そして、盧溝橋事件との関係から中国人の乗船は断った。

昭和十二年十月二日午後七時五十分、秩父宮両殿下を乗せた氷川丸はビクトリアの港の桟橋を離れた。秩父宮殿下は、船室の前に飾られた、いまが盛りの鉢植えの菊に、日本に帰ったかのようだ、と感想をもらした。

一等食堂が会場となった当日の晩餐会のテーブルを和食が飾った。献立を記してみる。

一、御吸物（芝海老、薯、粒椎茸、三ッ葉に柚子）
一、御口代り（鶉付焼、手綱黄身すし、新栗ふくませ）
一、御さしみ（掻敷牡丹菊、明石鯛皮つくり、志らが獨活、海苔、大鯛船もり、芽紫蘇、わさび）
一、御酢の物代り（土瓶むし、新松茸、はも、ひな鳥、柚子露）
一、御煮物（姫百合、小芋、青隠元）
一、御小丼（菊菜、胡麻ひたし）
一、御鉢肴（鮎塩焼き、新生姜、たで酢）
一、御中皿（車海老塩蒸、紅葉醤油）
一、御みそ椀三州味噌仕立（ふくろ蛎、賽形豆腐、粉山椒）

一、御飯、香乃物、あ以すくりゐむ、御果実

釼内船長の「船長報告書」によれば、翌日の三日、両殿下は「一等船客のデッキゴルフに興じ合えるを御覧遊ばされ」たり「社交室に於いて乗組員役職長に謁を賜」ったりして午前中を過ごした。午後からは「A甲板にて御散歩遊ばさ」れ、「御茶、塩煎餅を御召上り遊ばされ」たりした。夜には北方にオーロラを見た。

五日は時化た。七日は快晴になり、アリューシャン列島の島影を眺めた。クジラの群れが現れたので殿下は興奮気味にカメラのシャッターを切った。十日はふたたびの時化。翌日の午後には西へ向かう姉妹船の平安丸と出合った。十二日午後にはティーパーティーが開かれ、同乗していた日本郵船社員の十五歳の長女がスパニッシュ・ダンスを披露した。ピアノを伴奏したのは近衛秀麿だったという。近衛は大正時代末、新交響楽団（現在のN響）を結成した日本のオーケストラの基礎を築いた指揮者だ。

翌十三日、運動会が開かれた。「芋拾い競走」「瓶の中に豆入れ競争」に「一針縫い競争」、「りんご食い競走」、「綱引き」……。両殿下は数種目に参加した。

十月十四日、明日の横浜港到着を控えて夕刻よりフェアウェル・ディナーが開催された。一等食堂は色鮮やかな紅葉の細工物や紅葉がデザインされた提灯で飾られ、日本の秋が演出された。

献立は、やはり和食だった。ディナーの後、両殿下は船長らを船室に招いて乗組員全員にと記念の品と金一封を手渡した。

数知れない日の丸の旗と途切れることのない万歳の声に迎えられ、氷川丸が横浜港四号岸壁に着岸したのは、予定通り十月十五日午後一時半のことだった。歩兵少佐の礼服に身を包んだ殿下と鶯色の洋装姿の妃殿下が、出迎えた陛下の勅使はじめ皇族、松平宮内相、半井清神奈川県知事らと挨拶を交わし、乾杯して無事の帰朝を祝った。上陸を果たしたのは午後二時を回ってのことだった。両殿下の七ヶ月にも及ぶ長旅が終わった。

船上で救命具を着用した秩父宮両殿下。右は釖内船長

『氷川丸物語』の出版にあたり、昭和五十二年（一九七七）七月九日、当時の日本郵船有吉義弥会長に秩父宮邸で勢津子妃殿下と対談をしていただいた。その中で妃殿下は

「ロンドンの行事をすませてから、ヨーロッパの各国を少し廻わるつもりが、健康

を損ねたため、スイスで一月ばかり静養し、そこから急いで帰ることになりました。スイスから宮様は御一人でヒットラーのドイツを訪問、わたしはスイスからロンドンに戻ってご一緒にまた大西洋を渡り、カナダ経由帰路についたわけでございます。それだけに帰りの氷川丸のみなさんの、温かい御配慮が嬉しかったのです」

カイロでのIOC出席のため出発する嘉納治五郎／昭和13年（1938年）

「いろいろ緊張の続いた旅行でございましたので、氷川丸に乗ってホッとし、疲れも大分とれ一応二人とも元気を回復して帰り着きました」

「そう申せば、氷川丸は唯一隻だけ戦争にも残り、今も横浜にその姿が見られますが、私は公開されてほどなく訪れて、かつての船室、食堂など懐かしく見てまいりました」

と、当時を懐かしんだ。

秩父宮両殿下が帰国してから半年後の昭和十三年（一九三八）五月四日、航海中の氷川丸船内で悲しい出来事が起こった。「日本柔道の父」といわれた嘉納治五郎が病に倒れ、洋上でその生涯を閉じたのだ。

ＩＯＣ（国際オリンピック委員会）の委員を務めていた嘉納は、エジプト・カイロで開催された委員会に出席し、その帰路、シアトルから氷川丸に乗船した。委員会で嘉納は昭和十五年（一九四〇）に開催予定の第十二回オリンピックの東京誘致を成し遂げた矢先だった。

氷川丸がシアトルの港を出港したのは四月二十二日のこと。八十歳に近い嘉納は長旅の疲れもあってか、出港からほどなく発病した。一刻、快方に向かいデッキを散歩することもあったが、その後、発熱し、肺炎で命を失った。横浜港到着の二日前のことだった。薄れゆく意識のなかで、嘉納は「オリンピックは、どうなった」と繰り返したという。遺体の枕元にはヨーロッパで描いてもらった肖像画が飾られた。

当時、既に国際連盟を脱退（昭和八年）し、前年の昭和十二年（一九三七）には日華事変に突入していた日本への国際世論は厳しいものだった。スポーツと政治、外交は別物といえないこともないが、東京オリンピックが本当に現実のものとなるかどうか、嘉納には最期まで気がかりだったのかもしれない。誘致に成功した東京オリンピックは、結局、第二次世界大戦の勃発（昭和十四年）により中止された。

第三章　病院船氷川丸

特設海軍病院船

氷川丸が海軍に徴用されて特設海軍病院船として改装されることになったのは、太平洋戦争の幕が切って落とされる直前のことだった。

病院船の役割は、患者を収容、治療し、本国に送還することにあった。また、戦地への医薬品の補給や戦地における防疫なども大事な任務となっていた。

昭和十六年（一九四一）十一月末、海軍に徴用された氷川丸は横須賀海軍工廠造船部の岸壁に係留された。

横須賀軍港から一隻の内火艇が白浪の尾を曳きながら港外に向った。防波堤を出ると波荒く、乗船している士官のマントが風に翻った。「寒い」。海軍軍医大佐金井泉、同軍医少佐陣内日出二、同薬剤少佐中野勇の三人は、思わず首をすくめた。

やがて前方に、目的の商船が静かに停泊しているのが見えた。氷川丸であった。船から舷梯が降ろされ、出迎えてくれたのは船長石田忠吉、機関長宮尾三木、一等運転士奥平九一、事務長浅川立世らである。

さっそく快適なラウンジに案内され、熱いコーヒーをすすりながら、お互に「どうぞよろし

海軍病院船氷川丸　昭和18年（1943年）2月26日　サイパン沖にて
（故　藤田篤雄軍医中尉　撮影）

く」とあいさつを交わした。

改装工事が始まったのは十二月一日、突貫工事の末、艤装が終了したのは同月二十日のこと。同月八日には、南雲忠一第一航空艦隊司令長官に率いられた海軍機動部隊がハワイ真珠湾のアメリカ海軍基地を急襲、日本はアメリカ・イギリス・オランダと戦争状態に突入した。以来、氷川丸は終戦を舞鶴で迎えるまでの三年八ヶ月を病院船として過ごし、触雷や機銃掃射、機関トラブル等の危機を乗り越えながら、南方諸島を中心に二十四回に及ぶ航海を無事、果すことになる。

改装により氷川丸はその外観を変えた。真っ黒だった船腹や煙突は、白一色に塗りかえられ、左舷と右舷の中央、そして煙突には大きな赤い十字マークが描かれた。そして、船首から船尾まで、一本のグリーン線が引かれた。

氷川丸を見慣れた人でもその変身した姿には気づかなかったであろう。船内ももちろん様変わ

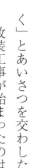

りした。昭和十二年（一九三七）に秩父宮夫妻が居室とした特別室は院長室に、パーティーの開かれた一等食堂は士官室になった。ツーリスト食堂は第二病舎、三等食堂は手術室に姿を変えた。Aデッキには内科、外科、薬剤科、Bデッキには細菌検査室、耳鼻科、Cデッキには第一・第三病室、エックス線室、そして、Dデッキ（船倉中甲板）には薬剤倉庫や伝染病室、そして、火葬場が設けられた。

氷川丸は船体も乗組員も海軍から借り上げられた形で、船の命令権は病院長である軍医大佐金井泉にあった。

総勢二百二十九人の乗組員は、看護婦は乗船させなかった。全員男性だった。

病院船についての国際法規は明治三十二年（一八九九）に成立したハーグ条約に定められている。元治元年（一八六四）に陸戦を対象に結ばれたジュネーブ条約の原則を海戦に応用したものだ。その取扱いは次のようになっていた。

病院船は一定の保護を受け、同時に一定の義務を負う。保護としては第一に病院船は尊重され、戦争継続中は捕獲することができない。但し相手国は次のことをしても差支えない。（監督、臨検、捜査すること、協力を拒絶し、隔離を命じ、航行の方向を指示すること、重大な理由があるときには抑留すること）

第二に病院船は加害行為のために使用されたときは保護を失う。しかし次の場合は保護が失われない（秩序の維持、傷病者の防衛のため、病院船の人員が武装すること、無線電信の設備を持つこと）

また義務としては、病院船は第一に、国籍の区別なく傷病者、難船者を救助すべきである。第二に、どんな方法を以っても戦闘者の行動を妨害してはならない。第三に、戦闘中も戦闘後も自己の危険に於て行動することを要する。第四に、国家は病院船を軍事上の目的に使用することはできない。

ルオット島の氷川丸甲板にて／昭和17年（1942年）

連合艦隊第四艦隊（司令長官・井上成美中将）の所属となった氷川丸は昭和十六年（一九四一）十二月二十三日、横須賀港を出港し、同艦隊の拠点となっていたトラック島（現ミクロネシア連邦）へ向かった。途中、大みそか早朝、マーシャル群島ルオット島に着岸。ウェーキ島攻略戦の際に負傷した将兵を収容した。

昭和十七年元旦の朝には乗組員全員が後部デッキに集合して遥拝式に臨み、その後、甲板でついた餅でつくった雑煮を食べ新年を祝った。ルオット島の守備隊病院に残る患者には正月の贈りものとして氷を運んだ。水も十分とはいえない島だけに、患者たちは大いに喜んだ。

トラック島には一月五日に到着。八日にはウェーキ島攻略戦で負傷した一等水兵が亡くなり、茶毘に付した。氷川丸での初めての火葬となった。その後、島民の慰問演芸会などもあったが、米軍機の同島への初めてとされる空襲による負傷者の治療やマーシャル群島ブラウン島守備隊に発生した赤痢への対応などが続いた。二月一日には、米軍機動部隊のマーシャル群島攻撃により、クエゼリンに向け出港。四日に到着後は負傷者の収容、治療、手術、治療品の補給や防疫隊の派遣等が続いた。

帰国の途についたのは二月九日のことだった。十六日に横須賀に入港するまでに、数名が火葬に付された。病院船としての初めての航海で、氷川丸は負傷兵、戦病者、伝染病患者等三百三十一人を収容、横須賀海軍病院へ運んだ。そして島々で託された遺骨百十七柱を横須賀第一海兵団へ引き渡し、その務めを終えた。出航から五十五日ぶりの帰国となった。

その間、日本は南方での戦線拡大を急ピッチで進めていく。

氷川丸が次に南の海に乗り出したのは、帰国から六日目の昭和十七年二月二十二日のことだ。めざしたのはトラック島だったが、二十七日に到着すると「パラオに向かって患者を収容」する

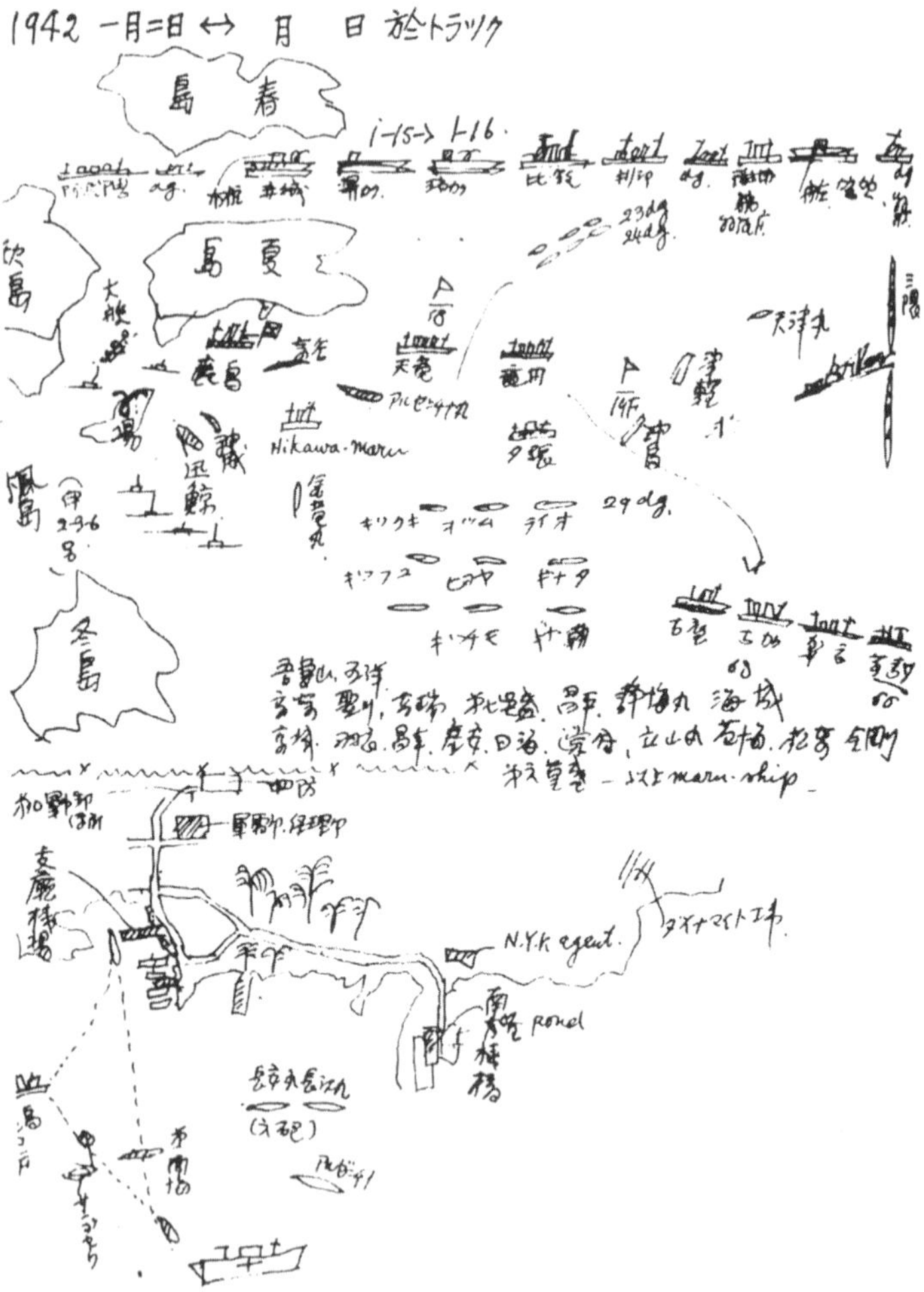

トラック島の泊地に集結した旧日本艦隊の貴重な展開図（沢田仁・画『氷川丸物語』より）

旨の命令を受けた。パラオには三月三日に着岸。今度は六日にパラオを発ってラバウルに向かうことになった。ラバウルは一月に既に日本軍によって占領されていた。ニューギニア、ソロモン群島方面の要港であり、大きな艦隊もそのまま停泊が可能だった。ラバウル行きが命じられたのは、ソロモン、ニューギニア方面への日本軍進攻計画に伴ってのことであった。

氷川丸がラバウルに初めて入港したのは昭和十七年三月十日。ニューギニ方面での戦闘による負傷者を待って氷川丸がラバウルを出港したのは同十八日の午後のことだ。その後、氷川丸はトラックに帰港、二十八日にグアムに着いた。ここで上陸を許された乗組員らは一本十五銭のアメリカ製ビールで喉を潤し、肉料理で腹をみたした。グアムは、太平洋戦争の開戦直後に日本軍により攻略されていた。

グアムで氷川丸はアメリカ軍航空兵二名を収容した。飛行機が墜落し負傷、泳いでいたところを救助し日本に連れ帰って治療することになった。金井院長は、捕虜とはいえ粗末に扱ってはならぬ、と命じた。看護に当たった当時の乗組員は、のちに、「背丈が高いうえに、足にギブスをはめていたのでベッドがひとつでは窮屈で、ふたつ継ぎ足してやりました。食事はわざわざパンを焼き、洋食を準備しました。われわれは毎晩、彼らの部屋の前で立ち番をしたものです」と回想している。

赤十字の精神をいかして捕虜の世話に当たる様子は、海軍報道班員の飯島昌一のカメラに収められた。飯島は病院船氷川丸の活躍ぶりをドキュメント映画にするため船に乗りこんでいた。完成した映画「海軍病院船」は全国で上映され、その後、氷川丸への慰問の品が増えたという。

米軍機の本土襲来

昭和十七年（一九四三）三月末日、グアムに到着した氷川丸はその後、サイパンに立ち寄った。乗組員は氷あずきを注文するなど内地に似た商店街を楽しんだ。横須賀港に帰港したのは四月五日だった。

横浜ドックで改装中の氷川丸が米軍機の空襲を受けたのは昭和十七年（一九四二）四月十八日の朝のことである。幸い損傷はなかったが、この日、アメリカ軍空母を発った爆撃機が初めて日本の本土を空襲した。京浜地区ばかりではなく、名古屋や四日市、神戸などに爆撃機は襲来した。

四月二十五日、氷川丸はトラック、ラバウルへ出航した。トラック着後、連合艦隊直属の病院船への異動を命じられたため、その活動範囲は拡大することになった。

五月八日にラバウルに到着した氷川丸は、その後、ソロモン群島での戦闘負傷者や珊瑚海海戦での負傷者を収容して十一日、トラックへ引き返そうとしたが、急きょ、ソロモン諸島クインカロラに向かうことになった。特務艦が魚雷を受けて多数の負傷者が出たというのである。結局、氷川丸は十五日にトラックに戻り、横須賀港に帰り着いたのは二十二日だった。帰国させた患者は四百四十人に上った。

戦地の陸軍病院へ赴く看護婦を乗せた氷川丸

珊瑚海海戦があったのは昭和十七年五月七日から八日にかけてのことだった。ニューギニアのポート・モレスビー攻略を目的とする日本海軍の機動部隊とこれを押しとどめようとするアメリカ海軍機動部隊がぶつかり合い、史上初の空母機動部隊同士による海戦となった。この戦いで日本の小型空母「祥鳳」、アメリカ大型空母「レキシントン」が沈没した。日本軍は海戦によりポート・モレスビー攻略作戦を中止、一千余人の死傷者を出した。

六月十日、氷川丸は横浜ドッグでミッドウェー海戦の報を聞いた。ミッドウェー島は太平洋の中部、ハワイ諸島北西の小さな島だ。連合艦隊の司令長官山本五十六は、本土空襲が現実のものとなった戦況を踏まえて、ミッドウェー攻略によってアメリカ艦隊を誘い出し、これを一挙に叩こうとした。しかし、海軍第一航空艦隊の空母赤城、加賀、蒼龍、飛龍を、搭載機ともども沈められてしまった。この海戦は、太平洋戦争の行方を決することになる。

氷川丸は六月十二日、負傷者収容の命令を受け、翌未明、連合艦隊の停泊地となっていた瀬戸内海西部の柱島近海をめざして横須賀港を出港、十四日夕、到着した。やがて、長門、陸奥、霧島など連合艦隊の中心艦船も姿を見せた。

負傷者の収容は翌日朝から始まった。病室はすぐに患者で埋まった。火傷がほとんどで船内は臭気と呻き声で満たされた。午後になって山本司令長官が氷川丸に見舞いに訪れた。氷川丸が収容した患者数は四百四十人だった。うち重傷の百四十人を呉病院に送り、他を横須賀病院に転送した。横須賀港にもどったのは十八日のことだ。

氷川丸が西南諸島行きを命じられたのは、瀬戸内海の呉に入港中のことだった。南方諸島とは事情が異なり、西南方面は状況が安定し、多少の観光気分も味わえるとあって、病院船にとっての「都廻りコース」と呼ばれていた。

出航は六月二十五日だった。その後、フィリピン島・ダバオ、セレベス島・メナド、ジャワ島・スラバヤ……などを回った。七月十三日に着いたセレベス島・マカッサルでは、戦闘員を輸送していた咎で日本軍が拿捕したオランダの病院船オプテンノールを見学し、その設備に目を瞠った。船内は明るくて清潔で、患者の寝台は移動式、手術室では水銀灯が用いられ、船内には冷房装置が多数、設置されていた（のちに第二氷川丸となる）。

氷川丸はその後、仏印（ベトナム）・サイゴン、フィリピン・マニラを経由し、八月十日、佐世保に到着した。その間、八月一日の氷川神社大祭日には看護長が神主役をつとめ航海の無事を守る神への感謝を捧げた。この航海で氷川丸は五百人もの患者を収容。佐世保、呉の病院へ送った。

横須賀港に戻ることなく、氷川丸がトラック、ラバウル方面に呉から船出したのは昭和十七年（一九四二）八月二十八日のことだった。

「都廻り」をしている間に、ミッドウェー海戦に勝利したアメリカ軍はラバウルを窺っていた。ソロモン群島に前線基地を築こうとブーゲンビル、ショートランド等の島々に進出していた日本軍は、七月、ガダルカナル島に飛行場を建設中だった。しかし、アメリカをはじめ連合軍もラバウルを攻撃するためにはガダルカナルが重要と判断し、八月七日、同島を手中にした。日本軍はこれを奪い返そうと九月十四日、総攻撃をかけたが、これに失敗した。

氷川丸のラバウル到着は九月九日。ガダルカナル戦の傷病兵を収容して帰国の途についた。飢餓による栄養失調に苦しむ兵士たちの状況は目を覆いたくなるほどだった。

明後日には横須賀に到着する九月十八日、氷川丸はアメリカ軍の潜水艦に遭遇した。白波をたてながら潜水艦は氷川丸に近づいてきた。武器も戦闘員も積んではいないので、臨検を受けても

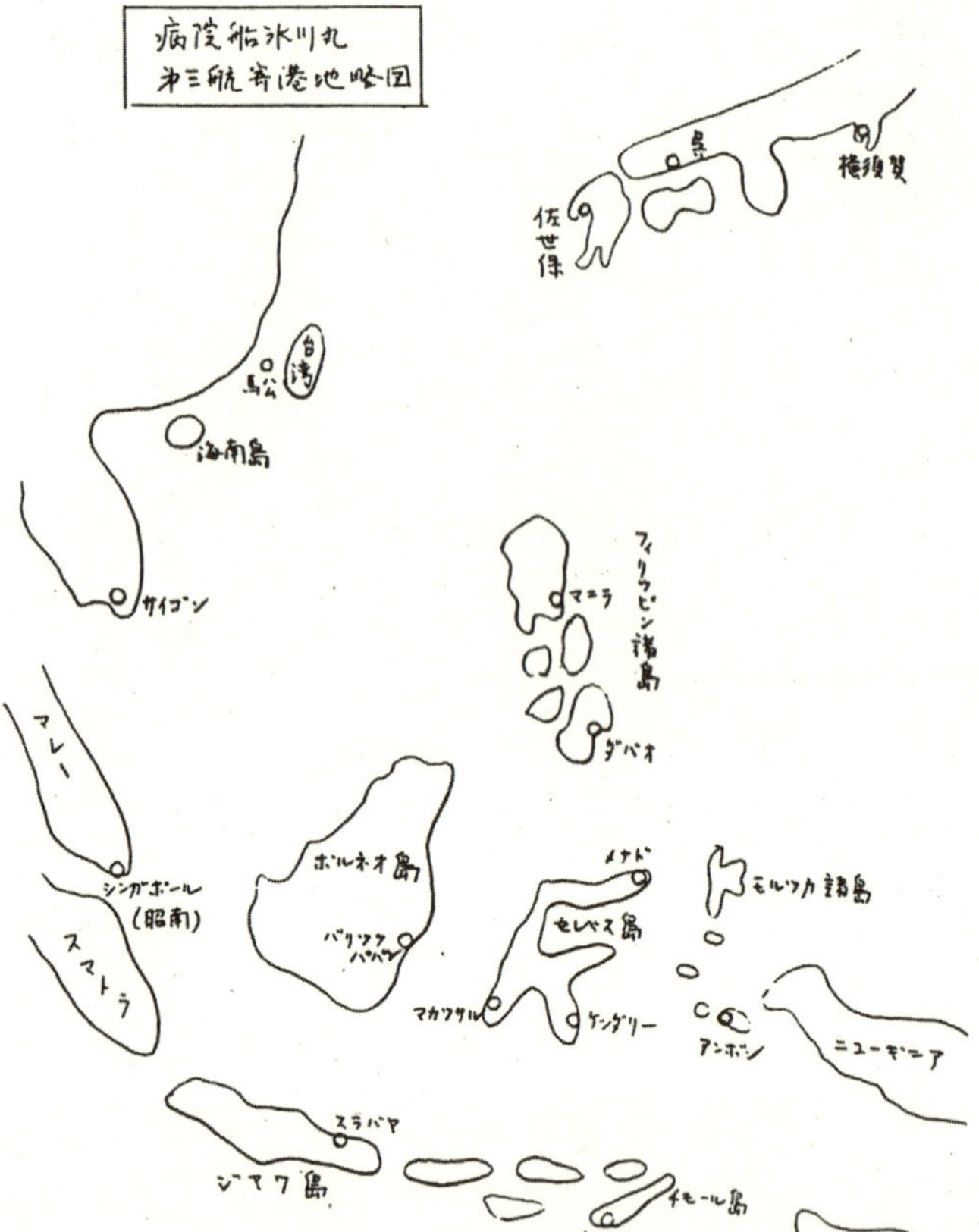

病院船氷川丸第三航寄港地略図（喜谷薬剤科長・画、提供喜谷和夫）

やましいことはなかったが、それでも総員青ざめた。緊張状態は一時間も続いた。潜水艦は肉眼ではっきり確認できるまで近づいた。だが、やがて方角を変えて視界から消えた。

横須賀港到着は九月二十日。「都廻り」に出かけてから三か月後のことだった。

だが、腰を落ち着ける間もなく二十六日には再びトラック、ラバウルをめざし旅立った。十月二日にはトラックに入港、ラバウルには九日に着いた。この日未明、ラバウルは大空襲に見舞われた。さらに同夜にも敵の爆撃機はやってきた。乗組員にとっては、初めての身近な空襲体験となった。

翌朝から各部隊に医療品を補給し、患者の収容を開始した。患者のほとんどがマラリアに罹っていた。その数が五百人にも上ったため、氷川丸は直接、横須賀に帰ることになった。横須賀着は十月十八日だった。

それから四日後の十月二十二日、氷川丸は再びのトラック経由、ラバウルに向け出立した。

ガダルカナル島では、日本軍とアメリカ軍の攻防が一段と激しさを増していた。日本軍は同島を奪還しようと、同二十四日、総攻撃に打って出たが飛行場を攻略することはできなかった。

氷川丸は同二十八日にトラック島に到着した。その翌日、同じ病院船の高砂丸がショートランド島で至近弾を受け、乗組員が負傷した。十一月七日、そのショートランド島に向けて氷川丸は出航した。ガダルカナルの患者を収容するためだった。十一日に収容した患者数は八百人にも

病院船氷川丸薬剤科科員。前列中央が喜谷市郎右衛門薬剤科長／昭和18年2月（1943年）

上った。マラリアに罹患し、栄養失調に苦しみ、正視するにしのびない様相だった。

患者のひとりは「初めのころは芋やタピオカ、ヤシの実、柑橘類に野生の豚などもいて栄養状態はよかったが、アメリカ軍の攻撃にさらされてからというもの、米はあっても副食品になるようなものが全く食べられなかった。殊に、山間部に追われたものは、米もなく、木の芽や茅の根、トカゲや泥貝など食べていた」と話した。

氷川丸はその日のうちにショートランドを後に、ラバウルに向かった。ラバウルでもまた敵はアメリカ軍ばかりではなかった。日本兵はマラリアとも戦っていた。「ラバウル戦線異常なし」を著した草鹿任一中将は、そのなかで「懸軍万里の遠征においては、昔から少なからず疫病に悩まされているが、ラバウルもその例にもれず、戦死より病死の方がはるかに多かったことは、まことに残念に思うところである」と戦うべき相手は敵ばかりではなかったことを記している。

ラバウルでマラリアの薬品等を補給した氷川丸は、十一月二十一日、横須賀港に帰港した。横須賀に向かう氷川丸の船中で、喜谷市郎右衛門薬剤科長が「今日で死んだ患者は十二、三人に上る。全部が熱帯マラリアの悪性の奴である。これに対する薬はないものか、我々は奮起しなければならないのにと思う」と日記に書いたように、せっかく収容したものの日本の土を踏むことなく命を落とす患者が相次いだ。

氷川丸は出航に当たり、横須賀で檜の板を数百枚、積み込んでいた。現地に到着するまでの間に船内では棺桶づくりが行われた。死者は納棺された。火葬の前には手の空いている士官が参列し告別式が開かれた。僧侶役は寺で修行体験のある乗組員らが務め、読経をあげた。死者は丁寧に扱われた。

初代病院長金井泉の信望

「實母散」で知られる株式会社キタニの社長喜谷和夫は市郎右衛門の長男で家業を継ぐ。市朗右衛門の死後、数冊の大学ノートにびっしりと細い字で書かれた氷川丸乗船当時の父の日記がある。父は多くを語る人ではなかった。その思いを日記にこめたのではないかと和夫は言う。部屋には

喜谷薬剤科長の長男、喜谷和夫（キタニ代表取締役社長）

最後まで氷川丸の写真が飾ってあった。戦後喜谷はその日記をまとめた『海軍病院船　氷川丸日記』を上梓した。昭和十七年（一九四二）四月から十八年（一九四三）五月までの約一年間の記録である。その中に病院長金井泉の人柄を語る記述がある。

「金井院長は温厚なお人柄ではあったが、軍医学校の教官もやられ学者でもあった。そして常に判っきりした意志表示をされる一方、初級士官にも良き理解を示された」

金井泉は氷川丸に登場する人物群の中で私にとって最も印象の強い一人だ。

信州松本の自宅に金井泉をたずねたのは昭和五十一年（一九七六）の秋である。金井は明治二十九年（一八九六）の生まれであるからその頃、八十歳に達していた計算になる。背筋はまっすぐに伸び、口跡は明瞭だった。その凜とした姿はかつての海軍軍医少将をほうふつさせた。この人があって、修羅場の戦火の下を氷川丸が使命を達し得たのだと、言葉をかわす前に私には納得がいった。

金井は海軍軍医学校のエリートである。当時の医学先進国であったドイツに留学し先端の臨床医学を修めた。帰国後、「長門」「赤城」「加賀」など海軍を代表する戦艦・空母に乗船。この間海軍衛生学校の校長として後進の指導にあたり、昭和十六年（一九四一）、先にも述べた「臨床検査法提要」を著した。

ラバウルで城侍従武官を出迎える金井泉院長

金井は海軍軍医少将にまで上りつめるが、終戦の後、公職追放にあい国立久里浜病院の職を退き、郷里の松本に戻った。やがて開業した金井は診たての確かさとその人柄で患者はひきもきらなかった。

金井は八九歳まで現役の医師として地域の医療に尽した。また地元のロータリー・クラブ会長もつとめ多くの市民からしたわれた。平成四年（一九九二）九六歳で天寿をまっとうした。

平成二十七年（二〇一五）、八二歳になる金井泉の長男正光も父泉と同じ医学の道を進み、泉を喜ばせた。信州大学教授として地元に戻った正光に、泉は最新の医学の情報を求め「臨床検査法提要」を次々と改訂した。

昭和十七年（一九四二）十月二十一日の横須賀帰港

後、氷川丸の金井院長が退任、本間正人軍医大佐が院長に就任した。

十一月二十八日、横浜港で氷川丸は全船消毒となった。このため、乗組員は全員で朝から大宮・氷川神社へ参拝した。これまでの無事を感謝し、本間新院長が変わらぬ神の加護を祈り玉串を奉奠した。

翌二十九日、氷川丸は横浜港を出港、一路、ショートランド島をめざした。が、途中、艦船にパラチフス発生の知らせが入り、トラック島に向かうことになった。艦船での検疫を終えた氷川丸は、十二月十四日、ブインに到着。同日、百六十三人の患者を収容してラバウルに向かった。ラバウルで患者満載となった氷川丸は、十七日、横須賀をめざして出航した。

二十二日の夜のことだ。爆発音とともに船体が震えた。乗員、患者ともに覚悟を決めたが、やがてエンジンのピストンロッドの切断による衝撃と判明。翌朝には応急修理も終わって、氷川丸は無事、二十五日に横須賀港に帰った。

山本司令長官来船

昭和十八年（一九四三）の正月を横浜港で迎えた氷川丸は一月五日、トラック島にむかって出港した。同十一日に同島に着き、患者百人を収容してラバウルに向かった。途中、筏に乗った遭難者を発見し十人を救助した。金峰山丸（三井船舶）の乗組員だった。同船は敵の潜水艦の魚雷を受けて沈没、助かった十人は四日間、海を漂っていたという。

ラバウルに着いたのは同月二十一日のこと。ここで四百四十人の患者を乗せた氷川丸はそのまま横須賀港に帰港した。同月二十九日だった。

その後、氷川丸は連合艦隊参謀長より「九百人以上の患者を収容できるよう準備せよ」と命じられた。準備を整えた氷川丸は二月五日、ラバウルめざし横須賀を出航した。

同年一月四日、大本営陸海軍部はガダルカナル島からの撤退を決定していた。アメリカ軍の空軍力増強の前に制空権を握られた日本には、ガダルカナル島を奪還することは不可能になっていた。

氷川丸は二月十七日にラバウルに入港し、同島からの最後の負傷兵ら八百八十二人を収容して同日、出港。二十日、トラック島に着いた。翌々日には連合艦隊司令長官山本五十六が、患者を見舞うために乗船、軍楽隊による患者慰問の演奏が行われた。二十四日、氷川丸は同島に入港していた同じ病院船朝日丸からあらたに患者五十人を受け入れた。収容患者は千三十三人を数えた。ただし、このうちガダルカナルからの撤退組の三百七十人をサイパンで下した。二十六日のことだ。下船させた理由は、患者の口からガダルカナルからの悲惨な撤退の模様が漏れないようにするためだった。

氷川丸に収容された患者を慰問する山本五十六。先導は金井泉院長／昭和17年7月（1942年）

昭和十七年六月の日本軍上陸以前には南海の孤島に過ぎなかったガダルカナル島の戦闘で日本軍は二万四千人の兵を失った。うち銃弾に倒れた戦死者は五～六千人であり、他の多くは飢えによって倒れた。昭和十八年二月二十二日、山本司令長官が氷川丸を去った後に同船に乗り込んだ毎日新聞記者新名丈夫は、のちにその時の様子をこう話した。

「砲撃や爆撃に顔を焼かれた患者ばかりだった。失明者も数え切れないほどいた。おまけにひどい熱帯性の下痢に罹っていて、甲板に設けられた仮設の便所にヨロヨロ向かう姿は、まるで骸骨の集団のようだった。聞いてみると、三か月の間に米のご飯はにぎり飯、二個だけだったという――」

サイパン島でガダルカナルからの三百七十人が下される前夜、芸能慰問団による慰安公演が開かれた。一行のなかに、「波浮の港」「東京行進曲」などで知られていた佐藤千夜子がいた。千夜子は昭和三年（一九二八）、ビクターでレコードを吹き込んだ日本初のレコード歌手だった。

一行は慰問のためにトラック島に向かっていたが乗っていた船が沈められ救助された。その後、トラック島での公演を終えて氷川丸で帰国することになった。乗組員のなかには「神聖な病院船に芸能人の女性など」という声もあった。沈められるのはもうこりごりと慰問団一行は頼み込み、横須賀港に、無事、たどりつき祖国の土を踏んだのは三月二日だった。

十日後の三月十二日、氷川丸はまるで定期便になったかのごとくラバウル方面をめざして港を後にした。

十八日にトラック、二十六日にブインに到着した。翌日にはラバウルに入港して約九百人の患者を収容した。このなかには、同月三日、ダンピール海峡（パプアニューギニアのニューブリテン島とウンボイ島の間に広がる海峡）で全滅の憂き目にあった輸送船団の生存者が少なからずいた。ガダルカナル撤退の後、ニューギニアの戦力強化を目論んだ軍は七隻の貨物船に約七千人の兵士を乗せてラバウルからニューギニアへ送り込もうとした。しかし、百機の敵戦闘機の餌食になったのだ。

三月三十日、氷川丸はトラックに寄港した。四月一日になって連合艦隊司令長官山本五十六が傷病兵の見舞いに訪れた。司令長官の見舞い訪問は、氷川丸がトラックに寄港した折の慣例となっていたが、この訪問が最後となった。四月十八日、ガダルカナルからの撤退後、前線となっていたブインの将兵を激励に訪れようとラバウルを発った搭乗機が襲われ戦死したのである。

零戦の護衛を受ける氷川丸／昭和18年（1943年）

四月八日、氷川丸は春爛漫の横須賀に帰還した。しかし、ゆっくりと日本の春を楽しむこともなく、四月十八日、前線の海軍病院に派遣されることになった海軍中尉五十人と看護兵二十人、そして、日赤の看護婦二十三人を同乗して「定期航路」に船出した。トラック、ラバウル、サイパン等に寄港、一月後の五月十三日、横須賀に帰ってきた。収容した患者数は五百五十人だった。

　氷川丸はその後、六月、七月、八月とラバウルに向かい、傷病兵を収容した。九月九日、氷川丸は二回目の「都廻り」に横須賀を出航した。前年六月の「都廻り」当時に比べ西南諸島方面の戦況も厳しさを加えていただけに、のんびりムードは薄れていた。マニラ、アンボン、マカッサル、スラバヤ、ジャカルタ、シンガポール、サイゴン等を巡航して、氷川丸が横須賀に帰ったのは十一月四日、約二か月に及ぶ長旅だった。

　九月二十四日、アンボンに到着後のことだった。現地根拠地隊の参謀が氷川丸に身勝手な要求を持ち込んできた。本間院長の副官だった軍医少佐一色忠雄は、のちに当時のことをこう回想している。

「アンボンの次の寄港地はクーパンだったのですが、そこまで高射砲を運んでほしいというのです。病院船は国際法によって武器や兵員は運べないのだ、と断ったのですが、聞き入れてくれません。お前らは国賊だ、と軍刀に手をかけてひどい剣幕でした。そこで連合艦隊司令部宛に電報を打って状況を説明したところ、強い調子で、『まかりならん』と返事がきました。さすがの参謀もすごすごと引き上げていきました。こちらの期待した通りの回答でしたので、ほっとしました」

　実はこの種のトラブルは、これまでも何度となくあった。参謀長を乗せてほしい、兵隊を運んでほしい、戦闘機の部品を届けてほしい——現地部隊からの要望に、病院長や船長は体を張って拒絶してきた。ひとたび要求を飲み、それが敵軍に知られた場合には、拿捕されたり、最悪、魚雷を撃ち込まれても仕方がないからだ。米軍偵察機や潜水艦にその行動を監視されながら、無事に氷川丸が終戦を迎えた背景の一つには、赤十字船として国際法の約束を違えることのなかった氷川丸の遵法精神があった。

　十月三日にはスラバヤ港への入港を目前にして触雷のアクシデントに見舞われた。磁気機雷に船尾部分が触れたのである。幸い大きな被害はなかったが、大音響とともに船体は揺れ、船内は

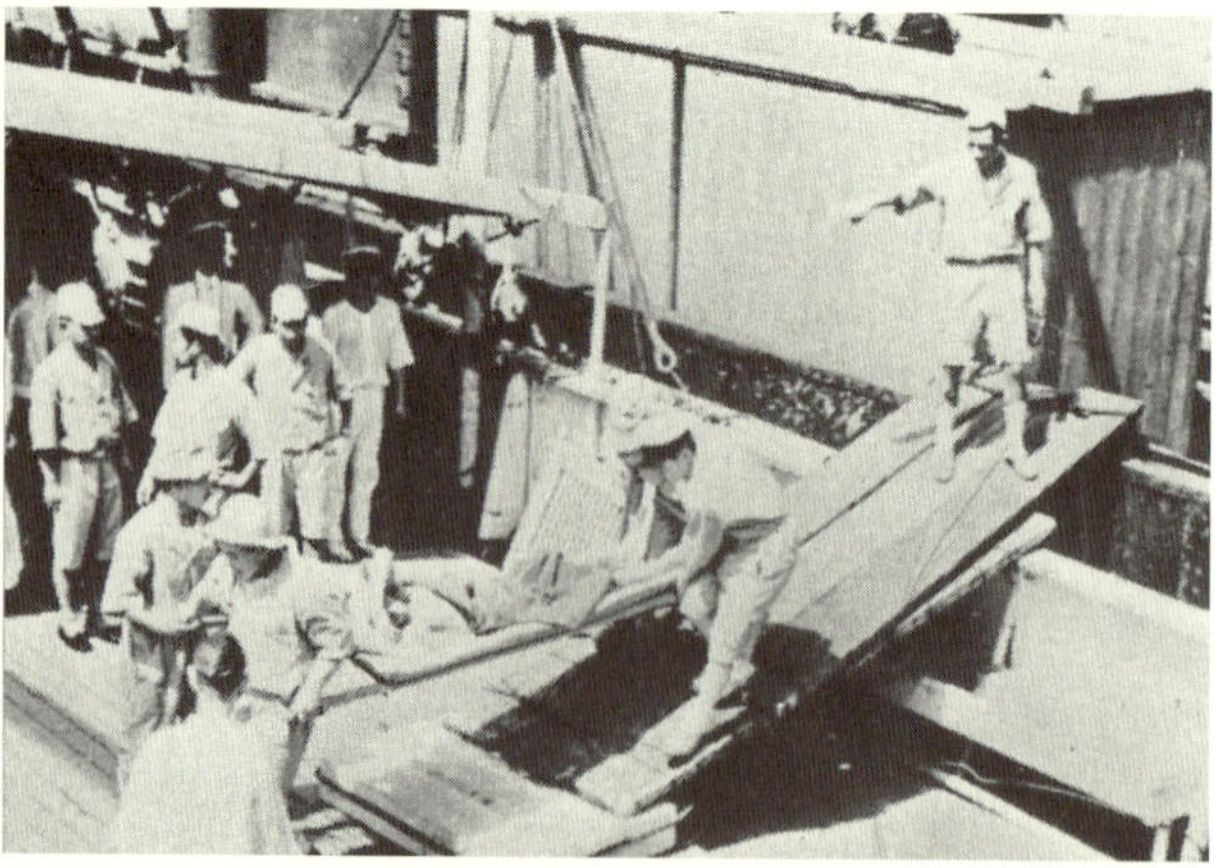

病院船に担架で収容される傷病兵

一時、魚雷の攻撃か、と騒然となった。

都廻りから横須賀に戻ると、本間病院長に代わって軍医大佐野村守が病院長になった。新病院長に率いられた氷川丸があらたにトラックに向かって旅立ったのは昭和十八年十一月十六日のことだ。

翌日、哀しい知らせがもたらされた。かつてはシアトル航路をともに往来した姉妹船の日枝丸がトラック島沖洋上で沈んだ、という悲報だった。特設運搬船としての役割を負っていた日枝丸は陸軍三千人をマニラからラバウルに送り届け、トラックに引き上げる途中だった。行動をともにしていた名古屋丸に移乗した乗組員二百九十人はトラックから空母沖鷹に乗り組んだ。そして、横須賀への帰路についた。しかし、十二月四日、今度はその沖鷹が野島崎南方で魚雷を受けて沈んだ。乗船していた三千人のうち助かったのは百七十人だった。

もう一隻の姉妹船である平安丸もまた海中に没した。日枝丸が撃沈されてから二ヶ月半後の昭和十九年二月十八日のことだ。潜水母艦としてトラック島環礁内に係留されていたところを爆撃され大火災に見舞われ、ついに沈んだ。

三隻の姉妹船は内装こそ異なっていた。しかし、全く同じ型だった。いずれの姉妹が病院船に選ばれても不思議はなかった。氷川丸は強運に恵まれていた。

十一月十六日に横須賀を発した氷川丸は同二十二日にラバウルに到着。前の月にアメリカの機動部隊の攻撃を受けたウェーキ島の負傷者ら約六百人をマーシャル群島のクェゼリンやルオット等の島々で収容、パラオでも患者を乗せ、佐世保で約三百人の患者を下した。横須賀に帰ったのは昭和十九年が明けてからのことだった。

戦況とともにフィリピン方面へ

昭和十九年（一九四四）一月十九日、氷川丸はラバウルに向けて出港した。氷川丸にとって、これが最後のラバウル行きとなった。

二十五日にはトラックに寄港。兵員、工員四百余人を上陸させた。ラバウルに到着する前夜、米軍機に小型爆弾を投下されたものの、三十一日の早朝、無事にラバウルに入港することができた。

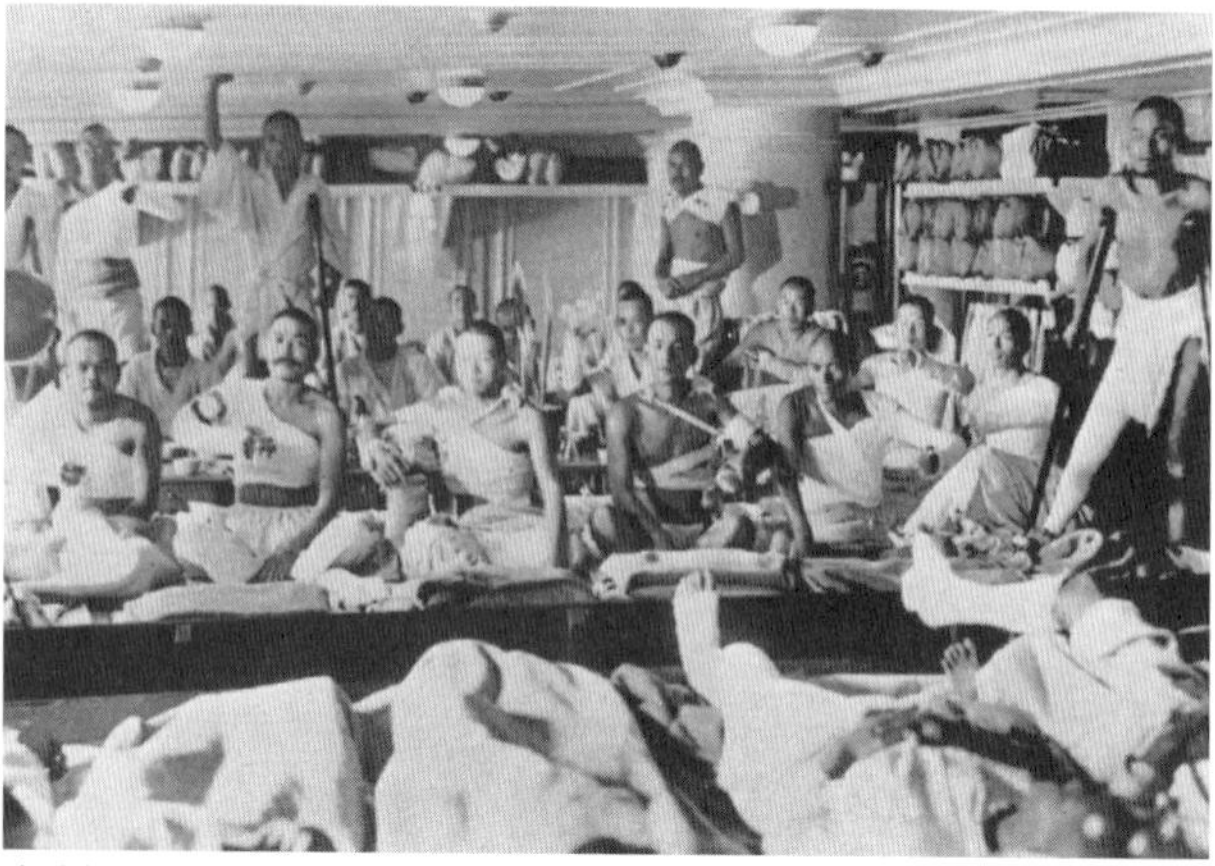

病院船の外科病棟で手当てを受けながら本土へ帰る傷病兵

ラバウルは連日、激しい空襲にさらされていた。この日の朝も同様だったが、氷川丸は海軍病院ほかに医薬品や重油などを補給。五百十八人の患者を船に乗せた。この中の一人に「この本を読むにあたって」で触れた『氷川丸物語』の著者高橋茂がいた。氷川丸はこの日午後、トラックに向けて出航した。太平洋戦争の開戦以前から船長を務めていた石田忠吉は、この航海を最後に船長を退いた。

代わって各務重治が船長に就任した。

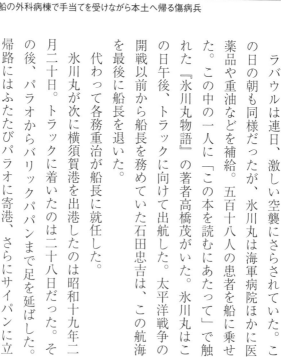

氷川丸が次に横須賀港を出港したのは昭和十九年二月二十日。トラックに着いたのは二十八日だった。その後、パラオからバリックパパンまで足を延ばした。帰路にはふたたびパラオに寄港、さらにサイパンに立ち寄り三月二十五日、横須賀に帰った。

そして再び、氷川丸は四月から六月にかけて出動。横須賀に帰港した翌日にはアメリカ軍の大機動部隊がサイパン島上陸を開始するなど敵の攻勢は一層、激しさを増していった。これに対して日本軍は「あ号作戦」を推し進めた。この作戦はもちろん敵の主力を撃滅するためのものだった。しかし、六月十九、二十日の両日にわたり繰り広げられた「マリアナ海戦」では空母翔鶴、飛鷹、大鳳を失い敗北。七月七日にはサイパン、八月三日にはテニアン、十一日にはグアムの日本軍が次々に玉砕する。

氷川丸は七月一日に出航し、パラオ、トラック、メレヨン、ダバオに寄港し、一連の戦闘で傷ついた将兵を収容した。パラオとトラックで千四百人以上を収容した氷川丸はメレヨン島ルオット水道で二回目の触雷に遭遇。前部一番艙が浸水したためダバオ（フィリピン）で仮修繕を施し八月一日、横須賀に帰還した。

マリアナ海戦の敗北後、日本と連合国の主戦場は南方方面からフィリピン方面に移った。氷川丸もこれに従って同方面へ出動した。

九月二日、横須賀を出航した氷川丸はマニラ、スラバヤ、バリックパパン、ダバオを巡り、十月十日、佐世保に寄港した。しかし、十七日にアメリカ輸送船団がスルアン島に上陸したため、同日、新たな病院長である鍵山俊六とともに、ふたたびマニラに向けて佐世保から出航した。マニラには同月二十一日に到着するが、乗組員はそこで日本の商船の「墓場」を目にすることになる。敵の空襲によって、一万総トン級の油送船、大八洲丸、二洋丸など計二十六隻が沈められていたのだ。

スルアン島上陸作戦に参加したアメリカ軍の攻略部隊は、空母十八隻を中心とする第七艦隊に守られた六百五十隻以上の艦船から成っていた。これに対し連合艦隊は「捷一号作戦」を展開。愛宕・大和・武蔵など戦艦七隻を中心とした第二艦隊、空母瑞鶴・瑞鳳・千歳・千代田などから成る機動部隊・第三艦隊、重巡二・巡洋艦三・駆逐艦四で構成される第五艦隊が布陣した。また、フィリピンの基地航空部隊には海軍、陸軍合わせて四百五十機が準備を整えていた。

日米両軍は十月二十五日を中心にルソン島北東部で戦火を交えた。航空部隊は神風特攻を敢行。しかし、航空戦力の不足はいかんともしがたく、この戦いで日本軍は武蔵はじめ戦艦三隻、空母四隻、巡洋艦十隻を失うなど大敗を喫した。

続いて氷川丸は十一月五日、横須賀を出航。マニラやバタビア、シンガポールなどに帰港し十二月二十五日に帰港した。ゼロ戦と空中戦を展開していたアメリカのグラマン機に、氷川丸が機銃掃射を浴びせられたのは、マニラで傷病兵を収容後、出港し、マニラ湾を出てすぐのことだった。

阿波丸の最期

年が明けて昭和二十年（一九四五）一月二十六日、氷川丸はフィリピン島方面に向け横須賀を出航した。既に触れたように、ルソン島沖の海戦で日本軍は大敗するなど戦況は一段と厳しくなっていた。前年十二月にはレイテ島、サマール島が陥落、昭和二十年に入って一月にはアメリカ軍がルソン島リンガエン湾に上陸した。同軍はマニラをめざして進撃、日本の陸海軍地上部隊は二月十六日、マニラを放棄した。氷川丸がマニラに入港し傷病兵を収容したのはマニラ陥落の数日前のことだ。

マニラからの帰路のことだ。夜間、陸軍機の「呑龍」が氷川丸の助けを求めて海上に着水した。編隊飛行中に僚機とはぐれてしまったうえ、マニラに向かうにしても既に着陸できる飛行場もなかったのだ。搭乗員にとっては、地獄に仏の思いだった。氷川丸が三度目の触雷をしたのは二月二十二日、シンガポール海峡でのことだ。大きな損傷はなかった。しかし、寝台から転がり落ちた傷病兵が一人、ショックで亡くなった。

赤十字旗をはためかせてサイゴン河をゆく氷川丸／昭和18年（1943年）

二月二十八日の深夜、ジャカルタから海南島に向けて北上中、阿波丸（総トン数一万一二四九トン）とすれ違った。同船は日本郵船が豪州航路用として建造したが、陸軍徴用船となった。しかし、当時は中立国スイスと国際赤十字（ジュネーブ）の依頼を受け、アメリカ軍捕虜救援物資輸送船として武装を撤去し、船体に白十字マークを施して航路の安全を保障されていた。

二月十七日に門司を出港した同船は、高雄、香港、サイゴン、シンガポール、ジャカルタを訪れて救援物資の配布を終え、その後、シンガポールほかに寄港して物資を積み込むとともに、内地に戻る軍属や一般邦人ら二千人以上を乗せ帰国の途に就いた。ところが、四月一日深夜、日本をめざして台湾海峡を北上中、アメリカの潜水艦クイーン・フィッシュ号によって沈められた。生存者は阿波丸の司厨員ただ一人だった。その後、「クイーン・フィッシュ」のチャールズ・E・ラフリン艦長は、軍法会議で戒告処分を受けている。

氷川丸は、阿波丸が航行中に出会った最後の僚船となった。すれ違った際の阿波丸は、煌々とライトアップされ、開戦前の豪華客船のようだったと、氷川丸のある乗組員はのちに回想している。

阿波丸と大海原で交差した氷川丸が、収容患者千二百八十五人とともに無事、佐世保港に入港したのは東京大空襲に見舞われた昭和二十年三月十日のことだ。その後、呉に寄港するなどして同三月二十四日、横須賀港に帰港した。その間にも硫黄島の玉砕、B29三百機による神戸空襲（ともに同月十七日）、艦載機一千機による九州空襲（十八日）等、敵機動部隊が日本本土に近づく足音は次第に大きくなっていた。

帰港後、氷川丸はドッグ入りし一月にわたって触雷の傷を癒した。あらたに南方に出動したのは昭和二十年四月三十日のことだ。横須賀への空襲を危惧し、横須賀海軍病院の収容者を呉海軍病院へ転送、さらに呉から舞鶴海軍病院へ移す患者を乗船させた。舞鶴から佐世保に寄港し食糧品などを積み込んでジャカルタをめざして出港したのは五月十九日だった。氷川丸にとっては、これが戦中、最後の外航となった。

横須賀出港の数日前、副官として初めて氷川丸に乗船することになった軍医少佐小林信一郎は、訪ねてきた横須賀軍属部の中佐から「暗号書を運んでほしい」と依頼を受けた。新しい暗号書ができたので南西方面の部隊に届けたいのだが氷川丸を除いて運搬の手段がないというのである。小林は鍵山院長のもとに急いだ。既にその件について知らされていたらしい鍵山は「引き受けるより仕方なかろう」と答えた。暗号書は木箱七十個分もあった。アメリカ軍潜水艦の万一の臨検に備え、小林は暗号書を海中へ投棄する特別作業チームを編成した。

氷川丸は既に激しい地上戦が繰り広げられている沖縄を大きく迂回し、中国大陸寄りを南下した。途中、米軍機が飛来したが、五月二十九日、無事にジャカルタに到着した。早々、現地の軍属部員から「本土決戦に備えて飛行機をつくる資材を積み込んで帰れ」との要求があったが、船長の鍵山は「連合艦隊からの命令がない以上、船を沈めかねない危険を冒すことはできない」と断固としてこれを撥ね付けた。

　ジャカルタでの四日間の停泊は平穏だった。ジャカルタには一度の空襲もそれまでなかった。氷川丸の士官は豪華なホテルに宿泊、海軍駐在武官邸での宴には本土では考えられないような食事が供された。氷川丸が二百十二人の患者を収容し、ジャカルタからシンガポールに向けて出発したのは六月二日だった。

　氷川丸がシンガポールのセレタ軍港の桟橋に船体を付けたのは四日の午後のことだ。ここで二百人の患者を収容した氷川丸に大量の重油が積み込まれた。軍医少佐の小林は、佐世保出航の折、水を燃料タンクにまで満載したにもかかわらず、途中、厳しい節水命が出されていたことを不思議に思っていた。積み込みを目にした小林は、この時、大量の重油によって喫水線が往路に比べ極端に下がってしまってはアメリカの潜水艦に何か積み込んだと疑われてしまう、そうならないようあらかじめ水を積み込んだのだ、水は重油を本土に届けるためのカモフラージュだったのだと、初めて気づいた。小林はのちにこの時の感想を次のように述べている。

「本土は治療のための医薬品も乏しく、もはや安心して傷病兵の安静を保つ場所もないのに、どうしてわざわざ医薬品もあり空襲もない土地から大勢の患者を連れ帰るのか。最初に感じていた私の疑問に初めて解答が与えられました。われわれの役柄は、氷川丸がタンカーであることを悟られないように、あくまで病院船であることをいかに上手に、懸命に演じるかだったのです。船

明治34年に開庁した舞鶴鎮守府庁舎。日本で4番目の軍港として軍関係の中枢施設が置かれた

側も病院側も、傷病兵も、そんなことを意識することなく自らの役を演じていたわけです。その後もわれわれは演じ通さなくてはなりませんでした。これは、一見、喜劇のようでしたが、実は決して笑うことのできない日本の悲劇でした」

重油の運搬は連合艦隊の指令だった。夜を徹して積み込んだ重油を抱えた氷川丸は、六月五日、シンガポールを船出して中国・海南島の最南端、楡林《ゆりん》港（三亜）をめざした。

七日正午頃のことだ。敵潜水艦と遭遇した。浮上していた潜水艦は、その後、潜航し、潜望鏡を上げて氷川丸に近づいてきた。敵対行動とみなされる恐れがあるために、氷川丸は速度を上げることも針路変更もできなかった。潜水艦は二百メートルほどまで接近し停止した。乗組員は緊張感に押し潰されそうになった。が、数分後、魚雷を発射されることもなく危機は去った。氷川丸にとり、ここまで敵潜水艦に接近されたのは初めてのことだった。

楡林港には六月九日に到着。その日のうちに約八百人の患者を収容し、夕方には日本に向けて出航した。十四日には、佐世保に寄港。患者とともにシンガポールから積んできた重油を陸揚げした。その後、空襲を受けた佐世保海軍病院の入院患者千二百人を乗せて舞鶴港に向かい、二十一日に到着した。舞鶴着後、鏈山院長は退船し、新しい院長に軍医大佐の村上哲が就任した。七月四日、氷川丸はふたたび佐世保に向かい、患者千二百人のほか看護婦らを舞鶴に移送した。九日、氷川丸は機関の修繕等のために舞鶴軍港のドッグに入った。母なる港である横須賀港も横浜港も激しい空襲にさらされ、氷川丸はもはや帰ることができなくなっていた。

終戦も間近な七月二十九日のことである。突然警戒警報のサイレンが鳴り始めたが、まだ鳴り終わらないうちに、一機が厚い雲の切れ間にキラリ姿を現した。と見る間に急降下、氷川丸にキーンと鋭い爆音が聞こえたときには、急上昇に移り、雲間に姿を消そうとしていたほど、それは一瞬のうちのことだった。次に水交社のある山腹あたりに、ズシンと硝煙と土煙が上った。舞鶴初空襲である。

公務で外出していた二人の乗組員が被弾し命を落としたものの、船にいた全員が無事だった。氷川丸が舞鶴港で終戦を迎えたのは、その二週間後のことだ。

第四章　病院船から復員船、引揚船へ

玉音放送と第二氷川丸

八月に入って氷川丸は曳船に曳航され、舞鶴工廠岸壁から沖合い二千メートルに投錨した。岸壁は小型艦が着岸したので、空爆を避けるためであった。

平成二十七年（二〇一五）、八十四歳になる竹澤鍾は昭和二十年（一九四五）一月から昭和二十二年（一九四七）二月まで三等航海士として氷川丸に乗り込んだ。終戦の玉音放送を乗組員全員と右舷のプロムナードデッキで聞いた。全員が一言も語らず、呆然と立ちつくしていた。

真夏の陽がカッと照りつけ、まるで南方のような暑さのなかに直立不動、額から汗がしたたり落ちた。しかし拭うこともできない。

竹澤鍾次席三等航海士

氷川丸より第二氷川丸を望む／昭和20年（1945年）

「朕深ク世界ノ大勢ト帝国ノ現状トニ鑑ミ非常ノ措置ヲ以テ時局ヲ収拾セムト欲シ茲ニ忠良ナル爾臣民ニ告ク――」

雑音と難解な詔勅の内容で、それが終戦を意味することが直ぐには分らなかったが、やがて嗚咽があちこちで起った。

南の島々から収容した患者の傷病の痛ましさを、いやというほど見せつけられてきたので、ある程度敗戦は予測していたものの、現実になってみれば、やはりショックだった。みんな、その場に立ちつくし、ある者は居室に帰って泣き続けた。

火葬場で黒い煙を出して灰となっていった将兵、そして手足を切断され達磨のようになった負傷者達の姿が、一度に脳裡を去来する。

今となっては一体彼らは何のために死に、傷ついていったのだろうか。そしてその意義は何だったのか、その魂魄は浮かばれず船内を浮遊しているように思えて、総てが空しかった。やが

舞鶴引揚記念館

て空しさは口惜しさに変る。この口惜しさを外に向けていいのか、内に向けてよいのか、遣り場もなく、涙はとめどもなかった。

竹澤は玉音放送のあと毎日のように、舞鶴軍港内にいた潜水艦が浮上し一隻又一隻沖に向って行くのを目撃している。艦上には数名の将兵が皆鉢巻し片手に軍刀を携え立ち、艦尾には、旭日の軍艦旗の代りに髑髏の絵を画いた旗をなびかせていた。恐らく沖合で自爆をしたのではないかと竹澤は言う。

海軍には同じ氷川丸と命名されたもう一隻の病院船がある。「第二氷川丸」である。

昭和十七年二月二十六日、オランダの病院船「オブテンノール号」は、ボルネオ島南方の海上で日本の駆逐船「天津風」に臨検され、拿捕された。その後オブテンノール号は「天応丸」と改名された。昭和十九年十一月一日、天応丸は、「第二氷川丸」と船名を変更し新造船の病院船として各国に通報された。第二氷川丸も終戦を舞鶴で迎えた。

シベリアから舞鶴港への最後の帰還者（昭和31年／1956年12月）

八月十九日、竹澤鍾は、上甲板に立って沖へ向かう第二氷川丸をカメラに収めた。

それから間もなくして第二氷川丸は舞鶴港外の冠島の北で自ら仕掛けた爆雷によって海底に沈んだ。なぜ第二氷川丸が自沈したかは今でも謎である。

終戦を迎えた氷川丸は第二復員省（かつての海軍省）の管理下に置かれた。そして引き続き病院船として南方の島々に取り残された将兵の本土帰還のために働くことになった。

病院船から引き揚げ船に変わった氷川丸にとって舞鶴はターニングポイントの港だ。

昭和二十年（一九四五）、第二次世界大戦の終結にともない、当時、海外に残された日本人は六六〇万人以上ともいわれる。これらの人びとをすみやかに帰国させることが日本政府の急務であった。これを「引き揚げ」という。

舞鶴市の人口は平成二十七年（二〇一五）現在、約八万五千である。決して大きな町ではない。

にもかかわらず、戦争の悲劇・引き揚げの記録を伝える「舞鶴引揚記念館」がある。市長の多々見良三の前職は舞鶴共済病院の院長で循環器内科医である。多々見が市長に就任した当時、「引揚記念館」は、開館当初、年間二十万人ほどだった見学者もだんだん減り、十万人を切るようになっていた。指定管理者に運営されていた「引揚記念館」の存続を危ぶむ声があった。多々見は「引揚者の皆さんが体験した辛かった思いを残してほしい」という先人の思いを引継ぎ、市の直営にすべきと決断した。

当時、あちこちに引揚港が指定されたが、ほとんどが昭和二十五年（一九五〇）で閉鎖した。しかし舞鶴は昭和三十三年（一九五八）、引き揚げが終わるまで十三年間、六十六万人を受け入れた。

舞鶴市長　多々見良三／平成27年3月（2015年）

舞鶴海軍病院（現、独立行政法人国立病院機構舞鶴医療センター）で治療し、歩けるようになった人たちが、東舞鶴の駅から蒸気機関車に乗って故郷に帰っていく姿を記憶している人も少なくない。

終戦から一月後の昭和二十年九月十五日、氷川丸はマーシャル群島の東端に位置するミレ島に向けて舞鶴港を出航した。同時期に高砂丸もカロリン諸島メレヨンに派遣された。この二つの島は、長期間にわたって孤立を強いられ、食糧が極端に不足し早急な救援が求められていた。

氷川丸が珊瑚の環礁に囲まれたミレ島に到着したのは九月二十八日のことだ。ブリッジに立つと島の向う側の海が見えるほどの小さな島には、戦中、約二千人の陸海軍の守備隊が置かれた。しかし、昭和十八年（一九四三）十一月、猛爆は加えたもののアメリカ軍はその小さな島にそれ以上の関心がなかったのか上陸するようなこともなく、日本軍は玉砕するには至らなかった。ただ、その後には飢えが待っていた。主計担当として氷川丸に乗り込んでいた吉村一郎は、取り残されていた日本兵の姿を目にしたときの印象を、後年、次のように話した。

「まるで骸骨が軍服を身に着けているようでした。足などはミイラのようで……。甲板から船中に入るには、波よけのための、高さ二十センチほどの敷居のようなものがあるのですが、収容した兵士のひとりがそこに立ったままで中に入ろうとしないんです。どうしたんだろうと思って声をかけると、『中に入ろうと思うんですが、足が上がらなくて』と言うんです。そこで、抱えてやろうと胴に手を回したら、無いんですよ、肉が」

ミレ島で収容した傷病兵は二千余名。やっとの思いで国への帰還が叶った収容者のなかには、仲間と一緒に食堂で重湯をとっている最中、突然、死を迎える兵士もいた。氷川丸はその後、ニューギニアやソロモンの島々でも飢餓状態の将兵を収容することになる。

氷川丸は十月七日、浦賀に帰港した。第一号の引揚船だった。

帰港後、病院長に有賀進、船長に杉浦政次が就任した。また、それまでの衛生兵に代わって、日赤の看護婦を乗組員として迎えることになった。氷川丸に女性乗組員が誕生したのは、これが初めてだった。氷川丸は、十月二十六日、ウェーキ島をめざし横須賀港を出港した。到着は十一月一日だった。

ウェーキ島は中部太平洋の拠点だった。計五千の将兵が海軍司令の指揮のもとに配されていた。しかし、昭和十九年（一九四四）二月、クェゼリン、ルオットの両島がアメリカ軍によって占領され孤立してしまった。三つの島を合わせても十平方キロに満たない珊瑚礁の島ウェーキは、土地は痩せ水は雨水に頼らなくてはならなかった。兵糧を絶たれた将兵は日々の食を減らし、海に潜って魚を採った。ついには野ねずみまで食べてしまった。多くが栄養失調に倒れた。戦中、生存者二千人の将兵の半数が病院船高砂丸に収容され、戦後は氷川丸より一足先に訪れた橘丸が既に五百人を復員させていた。氷川丸は最後に残った約五百人を収容した。

乗組員は飢餓の惨状を予想していた。しかし、将兵は思いの外、元気だった。その理由は、終戦後に上陸してきたアメリカ軍によって十分な食糧が与えられたことにあった。将兵の食事の量が増え、体力が回復したのちに氷川丸はウェーキ島に到着したのだった。

氷川丸への乗船を目前にしてアメリカ軍憲兵に身柄を拘束された将兵らがいた。米軍捕虜九十

マニラにおける引揚者収容作業。ジャコップ（縄梯子）を登る復員兵士たち

八人全員が射殺された昭和十八年（一九四三）十月七日の事件についての取り調べのためだった。その事件の前夜、アメリカ軍大機動部隊の来襲によって大きな被害を受けた同島日本軍は、八日の未明にアメリカ軍が上陸するものと予想していた。しかし、上陸するとして、なぜ射殺しなくてはならなかったのか。結局、予測は外れ、アメリカ軍の上陸はなかった。捕虜射殺の責任を問われ、海軍六十五警備隊司令の酒井原繁松少将は絞首刑に処せられた。海軍中隊長の伊藤寅司大尉は判決の前に自ら命を絶った。

氷川丸はウェーキ島からクサイ島にまわり復員兵を収容した。浦賀港に帰港したのは十一月十二日のことだった。

昭和二十一年（一九四六）正月二日、氷川丸は日本から台湾への帰還者を乗せて浦賀を出航、台湾北部の港湾都市で雨が多いために「雨の港」として古くから知られる基隆《キールン》へ向かった。到着は六日の午前。氷川丸はその日のうちに基隆を後にし、激戦が繰り広げられたニューギニアのウェワクへ針路をとった。

新年を迎えたばかりとはいえ、南に下るほど暑さは増した。十一日にはパラオを過ぎ、赤道を通過する前日の十二日には「赤道祭」が開かれ、乗組員は歌や踊りで楽しんだ。

ウェワクには一月十四日に到着。ここでイギリス軍の指揮官を乗せ、復員兵の集結地であるムシュ島に停泊、まず重症患者百七十人を担架で収容した。これで日本に帰れると安心したのか、ベッドに横たわってしばらくすると、静かにいのちの炎を消してしまう者もいた。

翌日は二千人以上を収容した。うち重症者は五百人に上った。病室は足の踏み場もなく、同乗していた八人の医師は休む間もなかった。

ウェワクのあるニューギニア中部地区の日本軍は第十八軍約三万五千人だった。これに対し、連合軍はその背後のアイタペに上陸して日本軍の退路を断った。昭和十九年（一九四四）七月、十八軍はアイタペ攻略を開始。約一月の間、激戦が続いた。しかし、日本軍は武器・弾薬、食糧がつきアイタペを攻略することなく退却。結局、一万三千人が犠牲となった。

昭和三十年（一九五五）、厚生省の遺骨収集団がウェワクを訪れ千二百体以上の遺骨を収集した。ムシュ島でも収集が行われ、遺体を埋めた千以上の土盛りが等間隔に並んでいるのが見つかった。土盛りの遺骨を調査したところ、終戦後に飢えや病で亡くなったことが分かった。

船内で亡くなった復員兵の遺体を火葬場に運び、骨を拾うのは看護婦の役割だった。ある看護婦は後年、その辛い役割を回想してこう語った。

「遺体はきれいに措置して毛布にくるみました。担架で甲板に上げて並べ、傷病兵で足の踏み場もないポートデッキの上の火葬場まで順番に持ってあがりました」

氷川丸は昭和二十一年（一九四六）一月二十四日、浦賀に帰ってきた。故国の姿が見えてくると船内はざわつき始めた。重症者のなかには看護婦に抱えられて窓から日本の島影を見るうちに、そのまま頽れて息を引き取る者も何人かいた。船長はその後、帰港しても重症の患者には外の景色を見せないよう乗組員に指示した。

三菱の横浜造船所で修理を終えた氷川丸は二月二日、ブーゲンビル島に近いファウロ島に向かった。途中、台湾・基隆《キールン》に帰還者をおろし、七日に出航。ファウロ着は十六日のことだった。島にはブーゲンビル島とブナ島の帰還兵が集まっていた。そのち二百五十人は重症だった。

二月二十六日、氷川丸は浦賀に帰ってきた。途中、伝染病室だけで六人の患者が亡くなった。

次に氷川丸が出航したのは昭和二十一年三月四日のこと。行先は同十九年の一月までに計十三回も訪れたラバウルだった。ラバウルでは孤立後も陸海軍十万人の日本将兵が、自給自足の毎日を過ごしていた。

三月十三日に氷川丸はラバウルに到着した。しかし、急に予定が変更となり、韓国人軍属四百五十人、台湾人軍属千六百人を釜山、基隆に送り届けることになった。

戦時中、彼らは日本の軍人、軍属として働かされた。しかし、日本は敗戦国となり、その立場は逆転していた。

基隆で台湾の軍人・軍属を下したものの、ここでさらに朝鮮人の軍人・軍属が乗船することになり、釜山への帰還者は計二千九百人にもなった。雨の釜山に到着したのは三月二十八日だった。乗組員は朝鮮人の無理無体から逃れられると、ほっとしたが、上陸に当たっての検査、身元調査が厳しく全ての朝鮮人軍人・軍属の下船までに三日を要した。

帰国後、横浜港のドッグでの一月にわたる修理を終えた氷川丸は五月六日、浦賀港に到着した。港には十七隻の復員船が足止めを喰らっていた。コレラ患者が発生したのだ。中国・広東から浦賀に航行中の復員船でコレラ患者が発生し、浦賀港に入った四月五日には患者数は二百人に上り、死者も出ていた。その後も中国からの復員船内でコレラの発症がつづき、海上隔離は六月四日の解除まで続いた。

隔離を強いられる船舶を後目に、氷川丸は五月六日の夕方、モロタイ島に向けて浦賀港を出港した。なお、この航海から院長は武藤経世に交代した。

モロタイ島はニューギニアとセレベス島の中ほどにある。十三日に到着し氷川丸はイギリス軍司令部から十一の島々に寄港し復員兵を収容するよう指示を受けた。

氷川丸は十五日の早朝、メナドで患者や台湾人軍属を収容したのを皮切りに、ハルマヘラ、スンバラ、ボルネオ、セレベス、カイ、セラムなどの島々を巡り、六月九日、二千五百人の患者を乗せてホーランディヤを発ち帰国の途についた。

この航海について院長の武藤は、のちにこんな回想をしている。

「戦争精神病の患者の多いのには驚きました。約五十名の患者を収容したのですが、うち五人が航海の途中、または港に停泊中に投身しました。夜間の救助は不可能でした。投身事件は、いまでもわたしの暗い思い出となっています」

氷川丸は病院船として航海のたびごとに常に三十人ほどの精神病患者を収容していた。患者は激戦地ほど数が多かった。付き添い人とともにデッキを散歩中、突然、喚きだして海に飛び込んだり、患者が寄ってたかって一人の患者を海に放り込んでしまうようなケースもあった。

病院船に精神科医は乗っていなかった。患者は、帰還後、それ相応の施設に収容されて初めて治療を受けることになった。

氷川丸が十四年ぶりに上海へ向けて呉の港を出航したのは六月二十三日のことだ。シアトル航路時代の氷川丸は、昭和七年（一九三二）、上海事変が起こるまでに九回にわたり上海を訪れている。

氷川丸は二十七日に上海沖に停泊し、三十日には揚子江を遡って呉淞《ウースン》の桟橋に向かった。七月一日、ここで日本の病院船有馬山丸から復員兵と患者を収容し、帰国の途についた。途中、乗船者全員の検便が行われた。五日には浦賀港に帰港したものの、検疫所による正規の検便が実施されることになって上陸は叶わなかった。

引揚船の患者を搬送するために出発する検疫担当者たち（浦賀港）

九日になってコレラ菌の保菌者がみつかった。すぐに国立久里浜病院へ収容したものの、あらたに下痢を訴える患者が発生したため検査をしたところコレラと判明。この患者は発病から半日で死亡した。その後も発症する患者が続き、結局、氷川丸の乗員、乗客は長期にわたり船内に隔離されることになった。隔離が解かれたのは、浦賀港に入ってから二十五日目のことだった。

このコレラ騒ぎの原因は、上海で船を待っていた復員兵が、ひもじさのあまり埠頭に野積みされていた生米を口にしたことにあった。コレラ菌が付着していたのである。

これらの発生地や患者を乗せた復員船はＧＨＱの指令で、すべて浦賀に設けられた検疫所で検疫が行われた。引揚には厳重な防疫体制がしかれた。一時、浦賀港の沖合は検疫のため待機する復員船であふれた。

一般邦人の引揚船に

敗戦から一年後の昭和二十一年（一九四六）八月十五日付をもって氷川丸は第二復員省から船舶運営会へと所属変えになった。復員兵の帰還担当から一般邦人の引揚者輸送を担当することになったのだ。前後して船長、病院長も交代し、新しい船長には鳥海金吾、新病院長に武安季春が着任した。

氷川丸は満洲からの引揚者を搬送することになった。満洲からの邦人の引揚者は敗戦後から昭和二十二年十二月までに推計約百四万人に上り、主に博多、佐世保に上陸した。

氷川丸は昭和二十一年八月二十六日、大連の北、葫蘆《コロ》島に向け横浜港を出港。奉天はじめ引揚者の集結地になった錦県周辺都市部の経済的に恵まれた階層の人たちを乗船させて九月九日、博多港に帰ってきた。その後、船舶運営会の所属へと変更されたことから日本郵船の職員が乗り込むことになった。

九月二十四日、氷川丸はふたたび葫蘆島に向かった。このたびの引揚者の様相は前回とは一変

博多港入港。筑紫病院行きの列車まで患者を運ぶ

していた。大人も子どもも背負えるかぎり、持てるかぎりの荷物を持っていた。胸に骨箱を下げた姿もあった。赤ん坊を背負った幼子、松葉づえ姿の男性、黒髪を切り落とし顔をわざと汚して男装した娘たち……。担架に乗せられた引揚者のなかには凍傷で手足を失った者もいた。

再び主計士だった吉村一郎は、当時をこう回想している。

「引揚者は桟橋まで無蓋貨車で送られてきました。船に乗るには二、三百メートル、歩く必要がありましたが、栄養失調に疲労、そのほか精神的なものもあったのでしょう、列はなかなか前へ進みませんでした。乗組員は総出で、荷物を持ちましょう、などと声をかけました。でも、荷物を盗られるとでも思ったのか、最初は手伝わせてもらえませんでした。船の中に入って落ち着くと、乗船するときの皆さんの励ましの言葉に、これでやっと同胞に迎えられたという実感が湧きましたと話してくれました」

しかし、引揚船に収容後に命を落とす者が後を断たなかった。佐世保引揚援護局の資料によれば、昭和二十三年六月までに、同援護局の病院での死者を含めた遺体処理数は約三千八百体に及んだ。

氷川丸が葫蘆《コロ》島から博多港に帰港したのは十月三日のことだ。この時、博多港にはコレラ汚染の船が入港しており、引揚者は検疫のために一週間、港内で止めおかれた。ちょうど氷川丸からもコレラ患者が発見され、氷川丸の引揚者は到着後、二週間、船内隔離の憂き目を見ることになった。

ちなみに、引揚者は上陸後、ＤＤＴ消毒を受け、風呂に入れられ、衣服を支給される。着替えを済ませると、種痘や各種の予防接種を受けた。その後、やっと割り当てられた寮に入り畳の上で手足を伸ばすことができた。

その後、氷川丸は十月十七日にも博多を出航、葫蘆島に向かい、二十七日に博多港に帰ってきた。

当時の引揚援護庁編「引揚援護の記録」には「引揚全地区を通観して、地区として最も悲惨な情況にあったのは満洲と北朝鮮」と記されている。氷川丸の存在は、葫蘆島からの引揚者にとって「地獄に仏」だった。

それから四十年の歳月が流れた昭和六十一年（一九八六）のある日のこと、戦後、三等運転士

復員船氷川丸に別れを告げる病院側乗組員

として氷川丸に乗り組み、復員輸送、引き揚げ輸送に従事していた竹澤鍾のもとに富山県在住の女性から手紙がとどいた。竹澤は差出人の前根嘉美という名前に記憶はなかった。しかし、文面を目にした竹澤の記憶に、葫蘆島からの引揚者のなかにいた姉弟の孤児の姿が甦ってきた。

姉は九つ、弟は八つだった。引き揚げの途中、父と母を亡くした姉弟を不憫に思った乗組員らは何かとふたりを気遣った。下船の際に竹澤は、困ったことがあったら、連絡を――と、姉弟に名刺を持たせたのだった。その後、ふたりは叔母に引き取られて成長した。その叔母が亡くなる前に名刺を返してもらい、竹澤を探し当てたのだ。手紙には「あのときの御礼を申上げたく」と記されていた。

出会いが実現したのは十年後の平成七年（一九九五）だった。日本テレビが「豪華客船氷川丸物語」という番組をつくることになり、ふたりは氷川丸の船上で当時のことを語り合った。氷川丸は半世紀ののちも人と人の絆をつなぐ舞台となった。

昭和二十一年（一九四六）十月二十七日、葫蘆島から博多に帰港した氷川丸は修理のために横浜ドックへ向かった。十一月十三日のことだ。しかし、急遽、マニラへ向かうよう命令が届き、博多港に戻ることになった。引揚者の収容準備を整えた氷川丸がマニラをめざして出航したのは、同月十九日だった。

秋も深まった玄界灘、太平洋は時化た。バシー海峡では戦中、多くの日本の艦船が沈められた。乗組員はデッキに出て、荒れる海に眠る数知れぬ日本兵の御霊に黙祷を捧げた。

十一月二十五日、氷川丸はマニラ湾の沖合に錨を下した。アメリカ軍の上陸用舟艇で復員兵の乗船が始まったのは三十日からで、それまで船内では演芸会が開かれたり、南十字星を見ようとデッキで一夜を明かしたり、乗組員はゆったりとした時間を過ごした。

アメリカ軍から支給された復員兵の衣服には、ＰＷ（Prisoner of War 「捕虜」の意）とペンキで記されていた。復員兵のなかには、ボーディングネットを攀じ登って氷川丸に乗船する者もいた。収容者は二千人を越えた。

名古屋港をめざし氷川丸が錨を上げたのは、十二月一日。日本へ帰れるという喜びからか、復員兵は船旅を楽しんだ。毎晩のように演芸会が開かれた。乗船した部隊は収容所で「銀星」という名前の劇団をつくって楽しんでいた。楽団もあって、戦後、乗組員が作詞、作曲した「病院船氷川丸を讃える歌」「懐かしの氷川丸」を演奏して乗組員を喜ばせた。また、復員兵が「お夏清十郎」の見事な舞いを披露したが、その振付は復員兵の一人だった舞踊家藤間勘玉によるものともいわれる。乗組員も負けてはいなかった。ピアノ、尺八、歌、踊り……シアトル航路の時代には日本郵船が率先してボーイらに芸事の習得を推奨していたこともあって、腕自慢は大勢いた。これに看護婦も加わり、演芸会は一層、賑わいを増した。看護婦が同乗するようになり、氷川丸にロマンスの花も咲くようになっていた。

名古屋港に帰港したのは師走の九日だった。復員兵の下船後、乗組員のなかには熱田神宮や伊勢神宮、奈良、京都への小さな旅に出かける者もいた。

昭和二十二年（一九四七）の新年を氷川丸は名古屋港で迎えた。病院船氷川丸の「解散」の命令がもたらされたのは正月七日のことだった。急な知らせに乗組員は驚き、大騒ぎした。氷川丸は、貨客船として大阪―北海道を結ぶ内航船となることになったのだ。

名古屋港停泊中に報じられた氷川丸転身の新聞記事に、関係者は苦笑せざるを得なかった。見出しに「豪華客船氷川丸、貨物船に転落し石炭運搬」とあったからだ。記事は、日本に残った最大船氷川丸は「今度貨物船として、日本海運界に再びデビューすることになった」と記したあと、「差し当って、北海道方面からの馬鈴薯、石炭などの輸送に当り――」と鳥海金吾船長の談話を紹介していた。

一月十一日、氷川丸は雨の名古屋を出航して浦賀をめざした。翌日、浦賀に入港し、さらに同日、三菱横浜造船所ドックに入った。こうして氷川丸は病院船としての役割を終えた。海軍省に徴用され、昭和十六年（一九四一）十一月に病院船となった氷川丸は五年三カ月の月日を経て商船に復帰することになった。

第五章　ふたたび外航船へ

国連旗を翻す

商船に復帰することになった氷川丸は一ヶ月をかけて改装された。病院船としての設備を取り外し、旅客定員八百人の貨客船に生まれ変わったのである。内航に就航したのは昭和二十二年（一九四七）三月のことだ。当時の新聞は氷川丸についてこう報じている

「戦前シアトル航路線として活躍した氷川丸が来る二六日から横浜—函館、室蘭間に就航する。所要時間は横浜—函館間約四五時間で汽車とほとんど変らない。料金は横浜—函館一等A三九五円、一等B二九六円——」

当時の日本は、まだ鉄道輸送もままならなかった。一度に大量の人と物資を運べる船は国民の頼れる足となった。船倉を石炭庫と食糧庫に改装された氷川丸は、石炭、じゃが芋、大豆、小麦、甜菜糖、海産物などを満載にし、北海道から本州へと物資を運んだ。北海道で統制品を仕入れ、本州で一儲けを企む担ぎ屋も横行するようになって、氷川丸は闇船と新聞に書かれたりもした。

内航船として就航してからは著名人も氷川丸を利用した。同年五月二十九日には作家の久米正雄、川端康成、小林秀雄、ジャーナリスト長谷川如是閑、哲学者田中美知太郎らが一団となって横浜港から乗船、六月十日にはやはり氷川丸を利用して横浜港に帰ってきた。

俳人高浜虚子、長男年尾ら一家と虚子の高弟高野素十ら一行が横浜から小樽に船出したのは昭和二十三年（一九四八）六月十日のことだ。十九日に札幌で開催される「ホトトギス北海道大会」に参加することになっていた。大会を終えた一行は同月二十二日に氷川丸に乗船し帰路についた。横浜港着は二十五日朝だった。

船中では往路・復路とも句会が開かれ、一行はそれぞれに句を詠んだ。虚子の句をいくつか紹介する。

わが船の残せし水尾や梅雨の海
此航や鯨も出でず鵜もとばず
ピンポンの音絶えずして船涼し
ぎぎと鳴る時化の船室林檎あり

船旅を共にした一行は、以降、「氷川丸会」をつくり親交を深めた。

昭和二十二年春に北海道航路に就航し月に一度の割で行き来していた氷川丸に、新たな転機が訪れたのは同二十四年（一九四九）のことだった。外洋船として起用されることになったのだ。当時の日本は食糧難に悩んでいた。氷川丸にまず託された任務は東南アジアの国々から食糧を日本に運んでくることだった。

SCAJAPナンバー「HO22」をつけた氷川丸

戦後初めての外航の目的地はビルマ（現ミャンマー）・ラングーンだった。同年九月六日、氷川丸は大阪を出航した。日本は占領下にあったため、日本の国旗を掲げることはできなかった。ＧＨＱ（連合国軍総司令部）からＳＣＡＪＡＰ（日本商船管理局）旗を掲げて航海するよう指示を受けていた。敗戦後、一〇〇総トンを越える日本の全ての商船は、配船、運航等その一切がＧＨＱの管理下に置かれ、その実務を担当したのがＳＣＡＪＡＰだった。

黒の舷側に白色でＳＣＡＪＡＰ管理識別ナンバー「ＨＯ２２」を記した氷川丸がラングーンに到着したのは九月十九日のことだ。ここで氷川丸は白米約六千九百トンを積み込んだが、ＧＨＱとビルマ政府との契約に基づいての積み込みだったため、なにかと手間取り、帰国の途についたのは一週間後の同月二十六日だった。

その帰路でのことだ。九月三十日の夜、マラッカ海峡を航行中、大きな爆発音がした。エンジンに異常が発生したのだ。エンジンルームには黒煙が立ち込めた。エンジンを止めて修理にかかったが、復旧には翌日の昼ごろまでかかった。ピストンの回転速度を落としながら航行を続けた氷川丸が横須賀港に帰港したのは十月十一日のことだ。

事故の原因を三菱横浜造船所で調査したところ、昭和五年（一九三〇）の建造から二十年の間、戦争をはさんで客船、病院船、引揚船、貨客船として働いてきた氷川丸のエンジンは、既に疲労困憊《こんぱい》していることが明らかになった。これを機に氷川丸はロイドの再入級を目標に機関の点検、修理を徹底的に行うことになり、十一月三日、三菱神戸造船所に入渠した。

ロイドはイギリスにある船舶検査機関のことだ。世界で最も権威ある検査機関とされ、ロイドの検査に合格した船は大手を振って世界の海に乗り出すことができた。氷川丸は建造後、ほどなくしてこの検査に合格したが、太平洋戦争の開戦によってその資格を失っていた。

しかし、ロイド合格へのハードルは高かった。エンジン主機は解体され、ピストン、ロッドなど分解掃除され、部品の交換も行われることになった。さらにロイドからの要求もあって、主機のほかに発電機やボイラーなどにも同様の作業が施された。工事量は膨大なものとなり、徹夜が続いた。解体、修復工事の終了後、氷川丸が無事に試運転を終えたのは十二月九日のことだった。苦労の甲斐あって、氷川丸はロイドお墨付きの船に生まれ変わった。

新生なった氷川丸は昭和二十五年（一九五〇）一月五日、タイ・バンコクに向けて神戸港を出航、約六千七百トンの米を積み込んで二月八日に門司港に帰港した。続いて三月十三日、長崎を出航し、やはりバンコクをめざした。今回は米を約六千五百トン積み込み、四月十一日、名古屋港に帰ってきた。

この間、同年四月一日には船舶運営会は解散となり、全ての船舶はそれぞれの船会社の所属に戻った。氷川丸もまた日本郵船の帰属となった。船舶運営会は、戦中、国家が使用する船舶の一元的管理・運用を目的に昭和十七年（一九四二）に設立され、戦後はＳＣＡＪＡＰの下部組織として、その役割を果たしてきた。

民営に移管したとはいえ、外航はこれまで同様、ＧＨＱの管理下に置かれていた。氷川丸は日本郵政復帰第一弾の外航としてマレー半島に向けて出発した。昭和二十五年五月二十七日のことだ。ズングンでは鉄鉱石約八千九百トンを積み込んだ。川崎に帰港したのは六月二十三日だった。氷川丸は同年十二月にも鉄鉱石を求めてズングンを訪れている。

敗戦からちょうど五年経った昭和二十五年八月十五日、アメリカは、不定期船に限るとはいえ日本船のアメリカ寄港を許可した。同時にパナマ運河も開放した。

氷川丸は早速、北米太平洋岸のポートランドに向かうことになり、九月一日、横浜港を出港した。目的は、マッカーサーの命によりアメリカ陸軍が購入し、日本に配布することになった小麦約八千三百トンを受け取るためである。

氷川丸に授与された国連旗

戦後初めて日本の船がアメリカに渡るとあって、横浜市長の石河京市は、前日、船長の城子甲子郎以下、全乗組員を市長公舎に招待し壮行レセプションを開催した。

九月十五日、ポートランドに到着した氷川丸一行は、当地の歓迎ぶりに面食らった。戦後、五年を経過したとはいえ、敵国だった日本への国民感情に不安を抱いていたからだ。十六日付の地元紙「ザ・オレゴン」は戦後初の日本船の到着を、氷川丸と城子船長の写真入りで大きく報じた。

この日（十六日）、ポートランド市長や現地日本人街の代表者らが参加し、氷川丸歓迎のセレモニーが船上で行われた。その席で、国連のアメリカ代表代理フランク・ムンク（リード大学教授）からのプレゼントである国連旗が氷川丸に贈られた。ムンクは「本国連旗は、今日人類社会の、平和と繁栄のシンボルであって、貴船の檣頭にその平和使節であるしるしとして本旗を高く掲揚されることは実に意義あることと思われます」と声明を寄せた。

日本船はまだ日の丸を掲げることを許されていなかった。

十七日付「ザ・オレゴン」はこのセレモニーの記事を「平和通商再開のシンボル国連旗 日本船上に揚がる」という見出しをつけトップで報じた。城子船長は「日本とアメリカの友情が破れ、過去九年間、アメリカの港を訪れることができなかったのは大変不幸なことだった。このような中断が決して二度と起こらないことを、真剣に望んでいます」とコメントを寄せている。

国連旗を翻した氷川丸は九月二十三日、ポートランドを出航、十月十日、横浜港に帰港した。

九年ぶりのシアトル行

氷川丸が再び小麦の積み込みのためポートランドに向け横浜を出航したのは、そのわずか八日後の十月十八日のことだ。

この航海ではシアトルまで二人の船客を乗せた。二人は戦後初めての日本船の外航船客となった。敗戦後、船客の輸送は禁じられてきた。しかし、日本に来ていた二世邦人や留学生から船でアメリカに渡りたいという声が高まったため、ＧＨＱは十月四日付で国際船級の外航に適した船舶に十二人の船客を限度に受け入れを許したのだ。ただし、日本からアメリカに向かう船舶に限ってのことだった。

シアトルへの寄港は、氷川丸にとって記念すべきものとなった。太平洋戦争開戦直前の昭和十六年（一九四一）七月にシアトル航路が閉ざされて以来、九年ぶりの船客輸送だったからだ。

シアトルの港には数千人の見物客が待ち構えていたので、船長に就任したばかりの沢田徹三はびっくりした。見物客の方も「ＨＩＫＡＷＡ‐ＭＡＲＵは生きていたのか」「またシアトルにやって来るなんて信じられない」と驚き、喜んだ。その後、氷川丸は不定期船としてロングビーチ、リッチモンドなどを訪れたが、いずれの港でも大いに歓迎された。ナナイモという北米の小さな港に入ったときには、地元民から野球の対戦を申し込まれた。乗組員はシャツにズボン、地下足袋に鉢巻姿で試合に臨んだ。球場は満員になった。住民らのフランクな対応に、ある乗組員は後年、「ついこの間まで敵国だったのに、このフランクさはつくづくいいなあと思いました」と回想している。

昭和二十六年（一九五一）三月二十六日、三菱横浜造船所で氷川丸の工事が始まった。エンジン主機の振動が激しいために、重さが九〇トンもあるクランクシャフトを持ち上げて全てのベアリングを交換することになったのだ。船体が傾く事態も発生しかねないため、前夜にはクランクシャフトの前に御神酒が供えられた。その甲斐あってか、工期二ヶ月の大工事は一二〇〇万円の費用をかけて無事に終了した。

三菱日本重工横浜造船所（現三菱重工横浜造船所）に入渠中の左から阿蘇丸、氷川丸、平安丸、会津丸／昭和28年（1953年）

工事から間もない六月十二日、GHQはニューヨークへ向けての定期航路を許可した。氷川丸は、同年、新造された貨物船「平安丸」に次いで第二船として八月二十五日、アメリカに向けて出航した。

同年九月八日、サンフランシスコで対日平和条約、日米安全保障条約が調印された。対日平和条約は、日本と連合国側四十八カ国との間での調印となった。

調印を前にサンフランシスコに寄港した氷川丸は、調印後の祝宴用の日本酒などを相当量、陸揚げした。全権大使吉田茂は、この時、氷川丸を眺めていて国旗が掲げられていないことに気づいた。そして側近に、なぜ日の丸がないのかを質問したといわれる。日本の国旗掲揚が許されたのは昭和二十七年（一九五二）四月二十八日、平和条約が発効してからのことだ。

昭和二十七年二月、ヨーロッパへの定期航路が許された。氷川丸は八月二十七日に船出をし、スエズ運河を通過してマルセイユやロンドン、ハンブルグ、ロッテルダムなどに寄港した。洋画家宮本三郎ら一等船客三十四人も乗船していた。積荷は生糸や繊維製品、材木や茶、冷凍魚などだった。帰路は機械、自動車、セメントなどをヨーロッパで積んだ。帰国したのは翌昭和二十八年（一九五三）一月十日、四カ月以上にわたる長い旅だった。

この旅の収支は、運賃収入約九六〇七万円（船客約三二七万円、貨物約九二八〇万円）、掛かった費用約六八六五万円で、約二七四二万円の黒字だった。

サンフランシスコで対日平和条約が結ばれてから間もない昭和二十六年（一九五一）十月、シアトル航路が再開された。当初、氷川丸に出番は与えられなかったが、翌年の七月になって、氷川丸も準客船として同航路に回された。

氷川丸が国際親善の使節役を果たしたのは、同じ昭和二十七年（一九五二）の七月だった。シアトル市に近いタコマ市南東に聳えるレーニア山（標高四三九二メートル）の山頂の石を日本・アメリカの友好の印として受け取り日本へ持ち帰る役割を担ったのだ。

昭和十年（一九三五）、その山容から「タコマ富士」として日系移民に親しまれてきたレーニア山と富士山の山頂の石を、両国の友好と親善のシンボルとして交換することになった。レーニア山の石は氷川丸の姉妹船・平安丸が日本に運んだ。しかし、その後、両国は開戦。平安丸は昭和十九年（一九四四）二月、アメリカ軍の空爆を受けてトラック島で沈んだ。そして、戦後になって日本に渡ったレーニア山の石は火災によって失われたことが判明した。そこでいま一度、レーニア山の石を日本へ——となったのだ。

レーニア山の石の贈呈式は氷川丸のサロンで行われた。アメリカ内務省国立公園局長から日本領事に伝達された石は、氷川丸の坂本修船長に託された。日本での受け渡し式は氷川丸が横浜港に入港した八月四日に船内サロンで開かれた。ちなみに、レーニア山頂の石は山梨県立ビジターセンターに展示され、富士山山頂の石はレーニア山の中腹パラダイス・インに保管されている。

再生

昭和二十八年（一九五三）七月、氷川丸は貨客船に復活し、シアトル航路の専属船となって就航することになった。その経緯について当時の船客課員高梨正夫はこう回想している。

「昭和二十八年の五月のある日、フルブライト委員会から呼び出されました。日本との間に教授、学生の交換留学をスタートさせたいのだが適当な船がない、大阪商船にも同様の話をしたが、日本郵船には唯一の客船氷川丸がある、氷川丸を使いたいので力を貸してほしいというのです。氷川丸は赤字に困っていましたし、上からは面白いから話を進めろという指示もありましたので、とんとん拍子でした」

戦後初のシアトル航路出航風景／昭和28年（1953年）

アメリカでは昭和二十一年（一九四六）、フルブライト法が成立した。アメリカが所有する各国に対する債権を各国との交流に役立てるための交換留学制度を定めたもので、上院議員J・ウイリアム・フルブライトによって提案されたためその名がついた。日本に適用されることになったのは昭和二十六年（一九五一）だった。

早速、氷川丸の改造工事が始まった。六月から七月にかけて工事は進み、それまで客室は定員三十四人の一等のみだった氷川丸は、定員二百七十六人の客船に生まれ変わった。それとともに一等ラウンジや食堂、喫茶室なども新しい装いとなった。料金は一等が五〇〇ドル、三等Aが四〇〇ドル、同Bが二〇八ドルに決まった。

改造の大きな特色は、それまでのフランス・ルイ王朝スタイルが、色彩の明るいアメリカン・スタイルになったこと。バーを兼ねた喫茶室はダンシング・フロアに装いを改めた。バーとはどのようなものか理解を深めるために改装工事の担当者は東京都内のバーのはしごをした。

　昭和二十八年（一九五三）七月二十八日、氷川丸はシアトル定期航路貨客船として横浜港を出港した。船長は沢田徹三。船客は百五十四人だった。そのうちフルブライト留学生が九十四人に

フルブライト留学生たち／昭和35年（1960年）

上った。ほかにもAFS（アメリカン・フィールド・サービス）留学生、私費留学生が乗り込んだ。AFSは、アメリカの傷痍軍人が創設した高校生のための交換留学制度だ。当時の新聞は「さながら『アメリカ留学船』」と報じた。昭和十六年（一九四一）七月のシアトル航路の休止以来、十二年ぶりに定期航路貨客船として同航路に復活を果たした氷川丸の新たな門出は、若々しいエネルギーに満ちたものとなった。

　希望に満ちた若者たちをアメリカに送り届けた氷川丸は、昭和二十八年八月二十四日、シアトルを出航し帰国の途に就いた。船客は百九十七人、このうちの五十一人がアメリカからのフルブライト留学生だった。その家族も八十人いた。復路もまた若いパワーいっぱ

父、浅尾新甫日本郵船社長・会長の思い出を語る井口捷子／平成27年（2015年）

いの氷川丸だった。

氷川丸は昭和三十五年（一九六〇）に現役を引退する。同年九月十五日のシアトル出航が最終便となる。それまでに計四十六回にわたりシアトル航路を往復することになるが、この間、乗船したフルブライト留学生は二千五百人に上った。

日本郵船に在職のままフルブライト留学生となった小池安義によると、シアトル到着までの船内では、連日、食事のマナーや一般的なエチケット、ディスカッションの応答、ダンスなど渡米後、すぐにでも役立ちそうな事柄についてオリエンテーションが行われた。アメリカ上陸については厳しい検疫があった。日本からの留学生は出発を前に二度にわたり身体検査を受け実物のレントゲン写真を携えていたが、シアトル着後、検疫官があらためて再検査した。小池が乗船した昭和三十一年（一九五六）七月の便では、留学生に選ばれた二人が検疫にひっかかり、結局、日本へ帰されたという。

オリエンテーションばかりではなく、船内では連日、デッキゴルフやビリヤード、ダンスや囲碁・将棋の大会などが開かれた。留学生のなかには女性もたくさんいた。若さに満ちた船内ではロマンスも生まれた。

井口捷子（七十七歳）は浅尾新甫《あさおしんすけ》日本郵船第十代社長の四兄妹の末っ子として生まれた。昭和三十四年（一九五九）、大学三年生の時、井口は交換留学生として一年間カリフォルニアに留学後、シアトルから氷川丸に乗って帰国した。「船屋の娘ですから、船の揺れには強いですよ」。荒れる海も、ものともしなかった。

井口にはホロ苦い思い出がある。小学校五、六年の頃である。誕生日に自転車が欲しいと言った。そうしたら父に「株主に配当ができるようになってからだ」と叱られた。戦後、ほとんど船を失ってしまった会社の苦境の中で、父がその立て直しを図ることはとても大変だったのだろうと井口は今、改めて思う。

昭和二十九年（一九五四）八月の航海で氷川丸は初めてローカル客、すなわち、外国までは無理だが、せめて国内の船旅を――という船客を乗せた。初回のコースは神戸～横浜。三十四人が船旅を楽しんだ。翌年五月には、神戸～名古屋、名古屋～横浜、八月には横浜～神戸でローカル客を引き受けた。旅行社が募集した団体客や高校の修学旅行生ら学生たち、企業の招待客らが多くを占めた。

昭和三十年（一九五五）一月のシアトル発の復路便は、ハワイ・ホノルルに寄港した。日本客船が戦後、ホノルルに寄港したのはこれが初めてだった。これがきっかけとなりハワイの日系人らからぜひ寄港を、という声がつよくなり、同年五月には横浜を出航した往路の氷川丸がホノルルに初めて寄港した。以降、氷川丸は往路・復路とも随時、ホノルルに立ち寄るようになった。

当時、スムーズな航海が、逆に禍をもたらした出来事があった。昭和三十一年（一九五六）一月、氷川丸は天理教七十周年記念式典に出席する信者九十八人をシアトル、バンクーバー、ホノルルから乗せ横浜をめざした。日本では同教団が遠来の信者を盛大に歓迎しようと音楽隊を準備し、到着の予定時刻に横浜港岸壁で待機していた。ところが、エンジン快調の氷川丸は、帰国予定日の一日前に既に帰港していたのだ。氷川丸は、当然、大目玉を喰らった。以来、たとえ予定より早く着くことができても、船足を落として、予定の到着日時に帰港できるよう調節することになった。

昭和三十二年（一九五七）五月の航海の「客船報告書」（船客課）によると、当時の氷川丸は「外人旅行者の本船利用が目立って多くなっていた」という。どれくらいかといえば、「キャビンクラスの八〇名、三等Aの五五パーセント」は外国人で占められていた。翌年の五月末日には、戦後、シアトル定期航路が復活してから往路・復路合わせ乗客は一万人を突破したが、記念すべき節目の乗客となったのはカナダ大使館に勤務する外国人女性だった。

増加の理由として、昭和三十三年（一九五八）当時の船長長田公明は「船の揺れ」を挙げている。

「冬のシアトル直行の往復便は別にして、氷川丸は揺れが少ないのです。外国人は揺れる船は不愉快だといいます。設備やサービスはもちろんですが、根本は揺れないことです。ところが外国の船は揺れるらしい。氷川丸は古いので、スピードは出ませんが、その分、揺れません。それで、氷川丸、氷川丸と贔屓にしてくださるんです」

日本郵船の本社には、たとえば、「お風呂もトイレも差別なく、ヒューマニティーにあふれていた。ありがとう」と黒人が感謝の意を伝えにやってきたり、「真鍮はピカピカだし、デッキはいつもきれいで実に清潔、細かいところまで気を使ってもらいうれしかった」と称賛に訪れる白人もいた。氷川丸の引退も近づいた頃、事務長の浅田重郎は、幾度となく氷川丸で来日したカナダのお年寄りから「この船もいよいよ引退が近いそうだね。惜しいことだ。わたしはもう日本へ行く気がなくなるかもしれない」という言葉を聞いている。近年、「おもてなし」という言葉がもてはやされているが、前にも触れたように氷川丸にも人種、国籍を越えた「おもてなしの心」が生きていた。

なお、乗客一万人を突破した航海終了後の昭和三十三年六月十六日、氷川丸船上で日本海事新聞社主催による座談会「楽しきものは船の旅」が催された。メンバーはアムステルダム五輪(昭和三年)の三段跳び金メダリスト織田幹雄、洋画家・彫刻家岡本太郎らだった。

埠頭旅客列車乗入再開／昭和32年（1957年）

タカラジェンヌ海を渡る

昭和三十四年（一九五九）七月二十六日、横浜港は熱気に包まれた。この日、北米大陸三十一都市を巡る公演に赴く宝塚歌劇団一行五十三人（うち選抜メンバー四十二人）が氷川丸に乗り込み、出航することになっていた。

この日のために日本郵船は東京鉄道管理局に臨港臨時列車の運転を申請、午前十一時五十分に東京駅を発った列車は、ノンストップで午後零時四十分、横浜港に到着した。十両編成の臨時列車は超満員で、見送りの宝塚ファンは三千人を超えた。

岸壁等を埋め尽くしたファンの歓声の中、歌劇団一行を含め二百七十六人の船客を乗せた氷川丸は、午後三時、横浜新港埠頭第四号岸壁からバンクーバーをめざして船出した。船上から手を振る天津乙女、黒木ひかる、寿美花代、浜木綿子ら歌劇団の一行はみな和服姿だった。天津は洋楽と日本舞踊をミックスした「鏡獅子」の舞台で知られ、宝塚歌劇団初の女性理事となった。

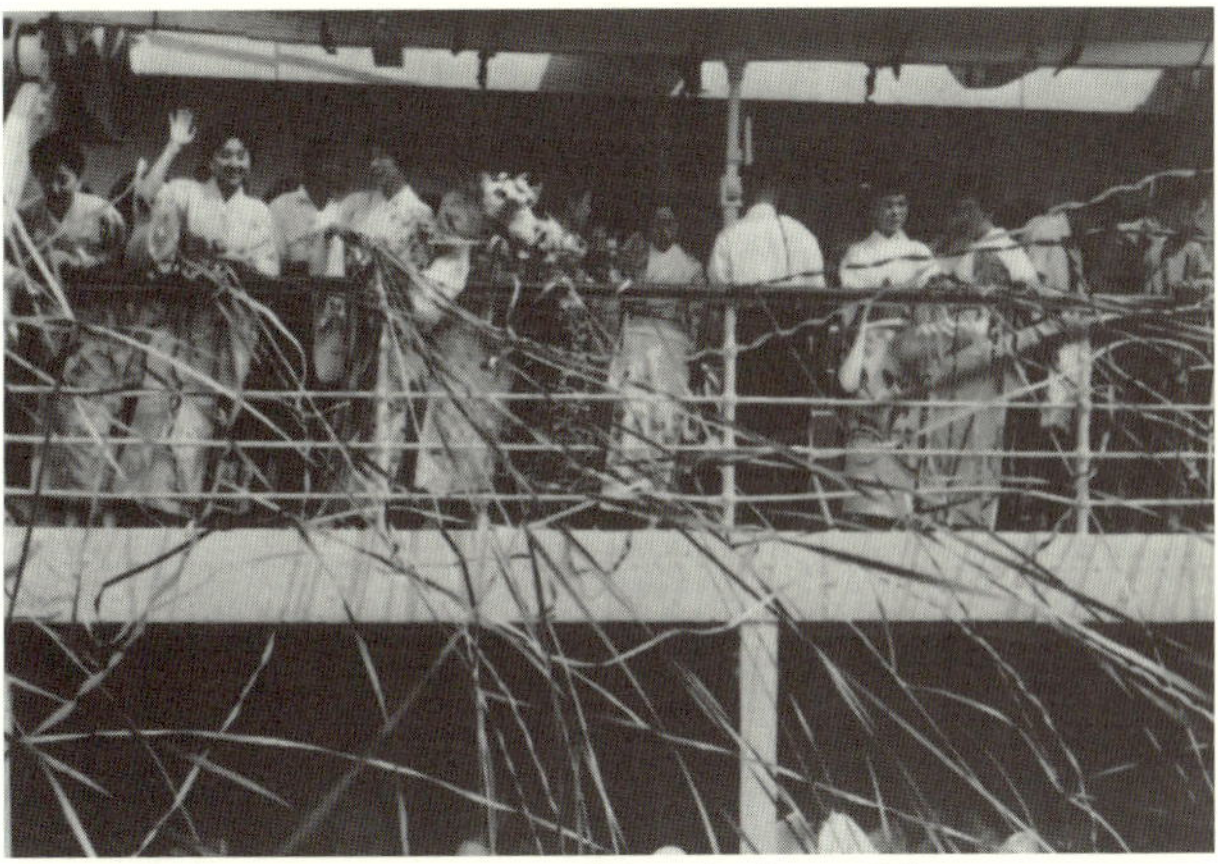
ファンの見送りをうけるタカラジェンヌ／昭和34年（1959年）

乗船から三日目、プロムナードデッキで団員の稽古が始まった。アリューシャン列島に近づくにつれて気温が低下したため風邪を引いては大変といったん稽古は中断されたもののバンクーバー到着の前日になって再開された。団員の稽古姿に外国人ら一般の船客も大いに喜んだ。また、船内では英会話の特訓も施されたが、指導を買って出るアメリカ人がたくさん現れ、誰にお願いすればいいのか関係者の頭を悩ませた。

一行を乗せた氷川丸は八月七日朝、バンクーバーに入港した。和服姿で船を下りた一行はオープンカーに分乗して市内をパレードし、三カ月余りにわたる北米公演のスタートを切った。

一行のバスによる移動は一万二千キロにも及んだ。着物姿で舞う宝塚レビューは、いずれのステージでも

甲板で稽古する寿美花代（右）／昭和34年（1959年）

大きな拍手を浴びた。翌年三月に発行された「宝塚歌劇カナダ・アメリカ公演アルバム」（宝塚歌劇団出版部）には、ニューヨーク、ディズニーランド、メトロポリタン・オペラハウス等の思い出が綴られているが、なかに氷川丸で過ごした船旅の時間が最も懐かしいとする一文がある。日夏友里はこう書いている。

「一番なつかしく思い出すのは、（中略）静かな憩いの日々であった船での一三日間だ。楽しかったということよりも、何もすることがなくて、三度の食事と三時のオヤツに期待をかけ、毎朝甲板を一一回まわる散歩と読書、日記をつけることが日課で、あとの残りの時間は、いやおうなしに自分というものを考えさせられた。（中略）こんなに真剣に私自身と取り組んだのは、初めてだった。六年間の舞台生活のこと、これから先のいろいろなことなど……長い旅のなかで、一番強く私に残っている一三日間であった」

平成二十七年（二〇一五）、八十三歳になる女優・寿美花代もこの公演のメンバーだった。寿美は氷川丸とほぼ同じ時代を生きている。寿美も氷川丸の想い出は、日夏友里と同じように人生の中で強く深い。シロフォンの入浴の合図のメロディーは今でも鮮明だ。

「青春時代の思い出で、ということもあります。それに加えて、氷川丸の独特の香り。潮の匂いと機械の匂い、なんとも言い表しようのない懐かしい匂いですかね。精神安定剤というんでしょうか、氷川丸は私のオアシスなんです」

しかし、寿美には楽しい思い出ばかりではない。バンクーバーからニューヨークに行き、マディソン・スクウェア・ガーデンの公演の時である。楽屋に入ろうとした寿美はいきなりアメリカ人の老婦人に蹴飛ばされた。太平洋戦争で自分の息子が殺されたという。また、人種差別の現実もこの時、初めて味わった。ある公演の時だ。黄色人種のトイレと白人のトイレがあって、どっち行ったらいいの、とまごまごしていたら、劇場の関係者が厳しい顔で黄色人種のトイレを指さした。

「もっとも、氷川丸の船旅の楽しかった思い出、アメリカ公演の拍手喝采の前には、そんなことは、今となってはささいな事です」

「氷川丸は心のオアシス」と語る寿美花代／平成27年4月（2015年）

第六章　引退そして新しい使命

最後の航海

昭和五年（一九三〇）に建造され、戦争の荒波を乗り越えて生き残った氷川丸だったが、誕生から三十年を迎えて船体にはあちらこちら損傷が目立ってきていた。航海中に停電したり、エンジンが停止してしまうというトラブルにも見舞われたことがあった。出港、入港の際にはエンジンを動かしたり、止めたりを繰り返すことになるので殊に注意を要した。乗組員は、今にも船体が分解してしまうのではないかと不安になる時化の揺れに、氷川丸の積もり積もった疲労を肌身で感じとっていた。

当時、日本郵船には客船新造計画があった。昭和三十二年（一九五七）頃には、東京オリンピック（昭和三十九年）の開催をきっかけに、国の補助を得て新船を建造して太平洋航路に充てようという計画が具体性を帯び始めた。政府もその気を見せ、のちに総理大臣となる田中角栄をトップに太平洋客船建造委員会を設置。日本郵船は同委員会に二万六千トン級の客船（定員一二五〇人）二隻を、ホノルル経由サンフランシスコ航路に投入する計画を提案した。

しかし、この思惑を昭和三十四年（一九五九）九月の伊勢湾台風が襲った。国の予算が台風被害の救援、復興に向けられることになったのだ。田中は「計画は風とともに去ってしまったね」

お別れレセプションでカナディアンジャケットを贈られた水谷船長。バンクーバーにて／昭和35年9月（1960年）

と笑い飛ばしたといわれる。

　ところが、この決定は日本郵船に味方した。

　当時、旅客輸送は船から飛行機の時代を迎えつつあった。経済の成長にもとない貨物輸送も変革の時を迎え専用船化、大型化が求められていた。氷川丸（総トン数一万一六二二トン、旅客定員二八九人）クラスの貨客船は、その使命を終えようとしていたのだ。事実、その後、アメリカのUSラインズは大西洋航路に就いていたユナイテッド・ステーツ号の赤字運航により破産の危機に陥ったし、ＡＰＬ（アメリカン・プレジデント・ラインズ）は二隻の客船を手放すことによって財政破綻の窮地から脱出に成功した。もし、伊勢湾台風が襲来することなく二隻の新造船を誕生させていたら……日本郵船もまた大きなお荷物を背負うことになったかもしれないのだ。

　結局、氷川丸は三十年に及ぶ波乱に満ちた貨客船としての歴史を閉じることになった。最後の航海のため氷川丸が横浜港を出港したのは昭和三十五年（一九六〇）八月二十七日のことである。船長の水谷勝二は氷川丸第二十三代の船長に当たる。

最後の航海の乗客は二百五十八人。家族を含めフルブライト関係者が百十九人を占めた。このほか、アメリカに帰国するＡＦＳの高校留学生が九十三人に上った。最後の航海にふさわしい若さあふれる航海となった。

船上で氷川丸のさよならパーティーが開かれたのは、九月十日（バンクーバー）と十七日（シアトル）のことだ。当時の事務長浅田重郎は、パーティーの時の様子をこう回想した。

「シアトルのパーティーでは、市や商工会議所、日本人会等の関係者から送別の辞が贈られました。氷川丸の引退を惜しみ悲しむ言葉が次々と贈られ、高齢の在留邦人のなかには、まるで祖国から見放されたような気がすると語る人もいました。みなさんからこれほど愛され、惜しまれる氷川丸を、私はうらやましいと思いました」

氷川丸がシアトル港を離れ帰国の途に就いたのは九月十七日午後のことだった。岸壁ではガールスカウトたちが色とりどりの風船を上げて別れを告げた。海上では数隻の曳船が氷川丸に寄り添い、シアトル市の消防艇が一斉放水を開始した。これらの船は数浬先まで氷川丸を見送った。航海中のフェリーボートまで船体を近づけて汽笛を鳴らし、氷川丸もこれに応えシアトルと永訣した。

日本へ帰る便には百七十五人の乗客があった。昭和二十八年（一九五三）七月のシアトル航路復活以来の内外乗客数は、計四十六航海、約一万五千八百人に上った。

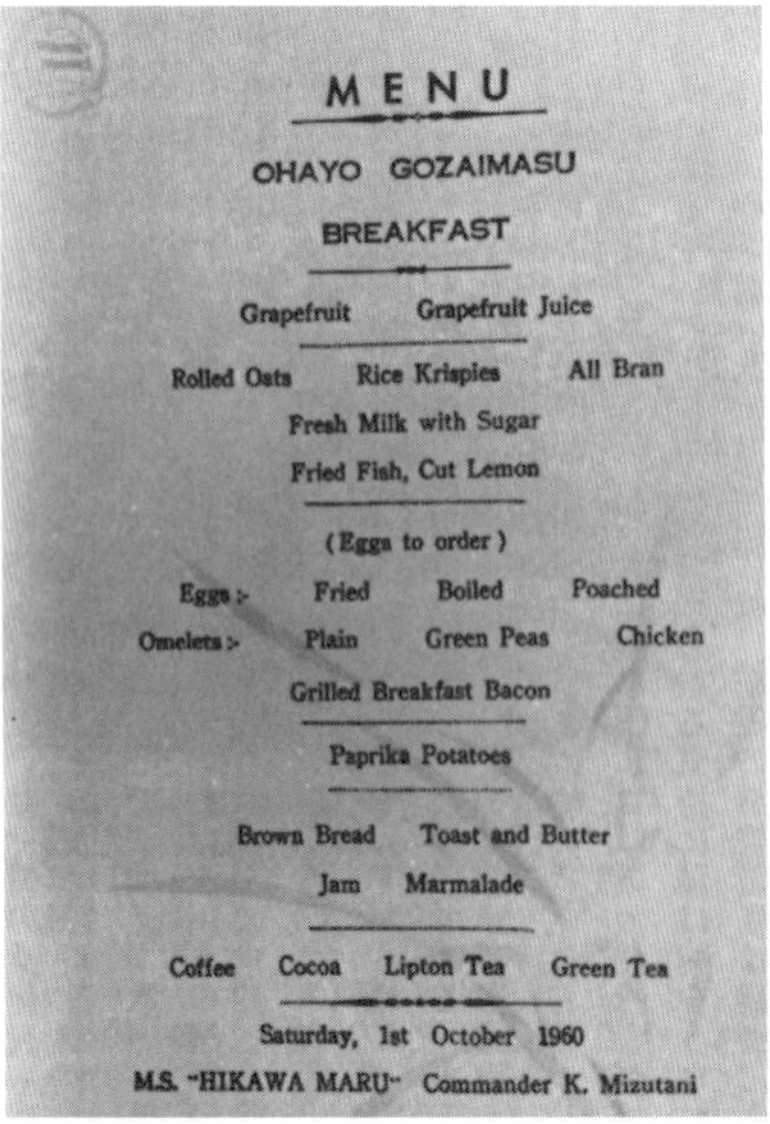
MENU

OHAYO GOZAIMASU

BREAKFAST

Grapefruit　Grapefruit Juice

Rolled Oats　Rice Krispies　All Bran
Fresh Milk with Sugar
Fried Fish, Cut Lemon

(Eggs to order)
Eggs :-　Fried　Boiled　Poached
Omelets :-　Plain　Green Peas　Chicken
Grilled Breakfast Bacon

Paprika Potatoes

Brown Bread　Toast and Butter
Jam　Marmalade

Coffee　Cocoa　Lipton Tea　Green Tea

Saturday, 1st October 1960
M.S. "HIKAWA MARU"　Commander K. Mizutani

氷川丸最後のメニュー／昭和35年10月1日朝食（1960年）

横浜港に帰港する前日の九月三十日、船内ではさよなら晩餐会が開かれた。横浜帰港後の十月一日午後からは関係者百人が招かれ船上（左舷デッキA）でパーティーが行われた。招待客のなかには初代船長秋吉七郎や昭和初期の本社工務課長浅野利愛もいた。浅野は、当時、氷川丸等の機関をコペンハーゲンまで受け取りに出向き、各船の艤装を采配した人物だ。浅野にとって氷川丸の機関は手塩にかけたわが子のようなものだった。この時の浅野の行動について、当時の機関長田中克己はのちにこう語っている。

「パーティーが始まっても肝心の浅野氏の姿が見えなかったので、もしやと思って機関室に下りてみました。すると、浅野氏は機関室のあちらこちらをカメラでパチリパチリやっておられました。それから油に汚れた古びた機械に感慨無量の面持ちで手を触れました。まるで昔の恋人にでも再会したように、です。そして、『よくもこれまで使ってきましたね』と仰ったときには、私の目頭も熱くなってしまいました」

第60次航終了。乗組員全員で／昭和35年（1960年）

パーティー翌日の十月二日、六十七人の乗客とともに神戸に向け出港した。十一日、神戸での仕事を終えた氷川丸はお別れパーティーの後、惜別の声と涙に送られ、横浜へ船出した。乗客はもはやいなかった。横浜港で船用品を陸揚げし、繋船場に移ったのは十六日のことだ。この日を以て、三池丸により明治二十九年（一八九六）にスタートした日本郵船シアトル定期客船航路の歴史は幕を閉じた。

氷川丸の航海日誌は、次のように結ばれている。

『17th Oct 1960
2400 : Closed the Voyage for stopping her sea service.

昭和五年建造より昭和三五年の引退に至るまで、戦前・戦中・戦後の三〇年間を通して約九万人が氷川丸の人となった。そのうち、戦場に傷付きあるいは病を得た傷病兵約三万人余、戦後南の島に取り残され飢餓と病にあった復員兵約二万人、外地で病を得た一般邦人約八〇〇〇人と、実に約六万人が病院船・氷川丸によって内地に帰還を果たしたのであった。神戸より生まれ故郷・横浜に帰る氷川丸に別れを惜しみ涙を流した人々、あの惜別の喚声と涙は、かつて病院船であった氷川丸と、当時乗り組んだ人たちへの形なきナイチンゲール賞だったのかも知れない。華やかな時代の氷川丸にゆかりのある人たちの見送りだけではなかったのである。

　戦前には世界第三位の船腹保有量を誇った日本商船隊は、太平洋戦争により壊滅的な打撃を受け、二五六八隻の商船（一〇〇総トン以上）と六万数千人の商船・漁船員が船と運命を共にした。終戦時には、外航船として使用に耐える大型貨客船は氷川丸を含め三～四隻しか残らなかった。氷川丸はその生き残った数少ない船として重責を果たすべく戦後を、そして昭和という時代を走り続けたのである。（中略）氷川丸の歴史を通して激動の昭和という時代を振り返って見ることは、決して無意味ではない。（後略）』

横浜入港／昭和35年（1960年）

解体か 観光船か

繋船された氷川丸は岐路に立たされていた。解体・スクラップか、または、観光船として生き残るかの運命の岐路である。

日本郵船の社内には、老いた氷川丸の姿を観光客ら衆人の目にさらすには忍びない、安らかな眠りに就かせてやるべきだという声も根強かった。その一方で、神奈川県（内山岩太郎知事）や横浜市（半井清市長）からは、青少年が海洋思想等を学ぶための「海の教室」として氷川丸を横浜・山下公園に繋留し、開放して欲しいという陳情が日本郵船に出されていた。その結果、同社は県民・市民の要望に応じることにした。氷川丸は、「海の教室」を兼ねたユースホステルとして新たな歴史を刻むことになったのである。

昭和三十六年（一九六一）二月、県や市、日本郵船、市民・県民有志の資金拠出により氷川丸観光株式会社が誕生した。資本金は二億一千万円、うち五二パーセントを日本郵船が出資。社長には横浜市の助役船引守一が就任した。

しかし、事は順調に推移することはなかった。法律は、船を繋ぎ留めておけばホテルとして利用可能であるとはしていなかった。陸上のホテル同様、消防法に則り消火、避難設備の強化が求められたのはもちろん、下水浄化槽の拡充等が必要となった。

大きな課題となったのは暴風対策だ。台風などの際に繋留中の氷川丸が流されて他の船舶や港湾の施設に激突するような事態が発生しては大変なことになる。そのため、風速六〇メートルの暴風を想定、計算上、船体を七メートル沈めることができればその風速に耐えられるという結論を得たため、繋留地をそれに合わせて浚渫《しゅんせつ》した。また、船のタンクに海水を注入するための設備も施した。

宿泊施設を備えることになり船内にも大きく手が加えられた。定員六百五十人と決まり、五人から十六人を収容する客室が八十室設けられることになって、船内の壁のあちらこちらには穴が開けられ通路になった。エスカレーターや本邦初の動く歩道まで設置された。もっとも、少女が髪を挟まれるというトラブルがあったため、動く歩道はエスカレーターとともにのちに運転が休止されることになる。しかし、ブリッジ（操舵室）や機関室、チャップリンや秩父宮両殿下が宿泊した特別室、一等客室、船長室、遊歩甲板等はそれまで同様に保たれた。

数多くのハードルをクリアし、氷川丸が山下公園の桟橋に曳航されたのは昭和三十六年（一九六一）五月十九日のことだった。幾本もの鎖によって係留された氷川丸からは、さらにスクリューは外され、船の方向を変える舵は海面上の部分を残して切断された。舵を全て取ってしまっては、外見上、船らしさを失ってしまうからである。当時、改装を担当したある関係者は、のちに次のように述懐している。

「建造から三十年を経過していたといえ、氷川丸は、まだごつくて丈夫だなという印象で、スクリューを外してしまうのがもったいないないくらいでした。いまはもう全て熔接ですから氷川丸のようなリベット船は建造不可能でしょう」

昭和初年、鋲を差し込み鋼材をつないでいく手法で造られた氷川丸は、老いを迎えたとはいえまだまだ観光船、係留船として活躍できる余力は残していた。しかし、船としての本来の役割を果たすことは、もう不可能だった。

「海の教室」兼「ユースホステル」としての氷川丸がオープンしたのは昭和三十六年六月二日。この日は横浜港の開港一〇二周年に当たっていた。小中学生の団体客が見学に訪れたりたくさんの修学旅行生が宿泊したり、新生氷川丸の船出は上々だった。ちなみに見学料は大人一〇〇円、中学生八〇円、三歳以上五〇円。宿泊料は大人が二食付きで八〇〇円、高校生（米持参、三食付き）四五〇円、小中学生（同）三五〇円だった。

船内にはレストランや喫茶室、結婚式場も設けられた。芸能家・随筆家、そして俳優などとして活躍した徳川夢声が結婚式の司会を務めたこともあった。夏のビアガーデンは好評で多くの市民らが潮風のなかでジョッキを傾けた。海の記念日に開催される花火大会では二、三千人の見物人が氷川丸に押しかけ、花火のよく見える左舷に集まるために船体が少々、そちらに傾いてしま

山下公園の30m沖に係留された氷川丸。左はマリンタワー／昭和35年（1960年）

うほどだった。

昭和三十七年（一九六二）七月には皇太子殿下美智子妃殿下（現天皇皇后両陛下）が、同四十一年（一九六六）三月には同夫妻と浩宮さま（現皇太子殿下）が来船し見学した。

翌年の四月、横浜市営球場は横浜スタジアムに生まれ変わりプロ野球大洋ホエールズのホームグラウンドになった。同球団は氷川丸が戦前・戦中を生き残った強運に恵まれた船であることを知り、「強運にぜひあやかりたい」と銅鑼の寄贈を氷川丸マリンタワー株式会社（昭和四十二年、氷川丸観光株式会社がマリンタワーを吸収合併し誕生）に依頼、予備の銅鑼ではあったが、贈られた。以来、球場には港横浜にふさわしい音が響き渡ることになった。

国の重要文化財への動きも

昭和三十六年（一九六一）の海の教室兼ユースホステル氷川丸の開業以来、氷川丸を訪れた人々は延べ、二四二〇万人に上る（平成二十五年末現在）。単純に計算すると日本人の五人に一人は、この間に氷川丸を訪れた勘定になる。建造以来、国内外を問わず多くの乗客の夢や希望を乗せ、また、戦中戦後は望郷の念を叶え、そして多くの死を悼んだ氷川丸を、国の重要文化財に指定しようという動きがある。

戦前に建造された国内唯一の大型船舶としての文化価値を踏まえて国の重要文化財に指定し、後世に長くその歴史、価値を伝えていこうと、超党派の国会議員が「海事振興連盟」（会長／衆議院議員衛藤征士郎）を設立したのだ。

既に氷川丸は横浜市の有形文化財（平成十五年）、経済産業省の近代化産業遺構（同十九年）に指定されている。しかし、建造から約八十年、日々、風雨にさらされての繋留とあって船体の傷みは如何ともしがたい。近代化産業遺構に指定された年、日本郵船は十億円と一年の時間をかけて補修・改装をしたが、その後も手を加えなくてはならない個所が発生している。

同連盟では平成二十五年（二〇一三）十二月、小委員会を発足させ、重要文化財指定に向けて文化庁との協議を開始。指定が実現すれば、国の許可なく補強工事等ができなくなるケースも生じるが、修繕や維持費の一部が助成されるなどの恩恵に浴することができる。同連盟では、神奈川県や横浜市とも協力し国重文への指定をめざす。

氷川丸を巡る新たな動きは他にもある。氷川丸という船名を絆とする自治体と自治体の交流、そして街おこしだ。

氷川丸の名は、既に述べたように、氷川神社総本社「武蔵一宮氷川神社」（さいたま市大宮区）に由来する。その縁は、たとえば、氷川丸の操舵室に同神社から分祀された神棚が祭られていたり、船内の中央階段の手摺り部分に同社の神紋「八雲」がデザインされていることからも窺える。また、これも既に書いたが、同船の船長は例年、例大祭が行われる八月とお札を頂戴する十二月には総本社に参拝している。その縁をさらに発展させ、氷川丸の誕生の地であり繋留の地である横浜市とさいたま市の交流を深めるとともに互いの街づくりへ結びつけようというのだ。

いまなお多くの人々の心をとらえる氷川丸。重要文化財指定の動きもあるが、横浜・山下公園前に繋留されてから既に半世紀を超え、将来的にその去就が心配される。

平成二十三年（二〇一一）十月、当時の日本郵船経営委員の和崎揚子は神奈川新聞の取材に、氷川丸が一〇〇歳を迎える平成四十二年（二〇三〇）を目標に同船を保存・運営する旨、明らかにした。「氷川丸は世界的にも希少価値があり、横浜市民の愛着が深い」ことがその理由だ。

日本郵船は平成二十年（二〇〇八）から氷川丸を日本郵船歴史博物館の施設として運営している。同社グループのOBや現役社員がメンバーになっている「クラブ氷川丸」が維持・補修に尽力しており、和崎は同社の「企業の社会的責任（CSR）」の一環として取り組んでいくことを明らかにした。

平成二十六年（二〇一四）二月十八日、就航から四年目の昭和九年（一九三四）に製作された氷川丸の大型模型（四八分の一、全長三・四メートル）の展示が同博物館で始まった。

日本郵船が当時、籾山艦船模型製作所に依頼し、設計図に基づきつくられた。戦前、カナダの日本郵船代理店で人目を引いていたが、太平洋戦争の火蓋が切って落とされると同国政府の資産凍結により没収された。戦後、アメリカ・ウィスコンシン州の海洋博物館で保管されていることが判明し、同社は返還を求めていた。

日本郵船氷川丸 第28代船長 金谷範夫／平成27年3月（2015年）

実物の氷川丸にとどまらず、その模型もまた太平洋の大海原を越え、戦争に翻弄されては長い航海を続けてきた。氷川丸第二十八代船長、金谷範夫は熱く語る。

氷川丸が山下公園に係留されて五十年。しかし、私はまだこの船は生きていると思っている。大切に扱って、永く後世に残さないといけないということが船長としての私の使命です、と。

平成二十七年（二〇一五）の夏、氷川丸の航跡は長編アニメーション映画となって全国で公開されていく。いま、氷川丸のアニメーション化の狙いはなにか。プロデューサーの八田圭子は「製作趣意」に次のようなコメントを寄せている。

「すべての生き物が共生し、豊かな恵みを与える海。地球上のどんな場所ともつないでくれる、友好の道である海。美しく平和な海が永久に続くようにとの願いを込めて、幼い子どもさんから大人まで楽しめる、魅力ある作品を目指します」

アニメーション化によって、氷川丸の足跡は、時を越え、国境を越えて多くの人たちの脳裏に刻まれることになる。氷川丸は、どこまでも強運な「プリンセス」だ。

昭和八年（一九三三）、朝日新聞に発表された大佛次郎の新聞小説『霧笛』は、明治初期の横浜を舞台にしている。

「窓の外に港が見える。碧く、鏡のように平な水の上に、汽船が何隻も浮かんで、色ペイントの影を流してゐる。そのマストや海沿ひの建物の屋根に飜ってゐる小旗は、晴れた青空を楽しげに泳ぐ金魚だった」

大佛は昭和六年（一九三一）から一〇年（一九三五）にかけて横浜ニューグランドホテルに滞

在した。作品に登場する一節は、当時大佛が仕事場として愛用した三一八号室からの景色である。

確かに港の周囲の風景は大きく変わった。しかし、大佛の『霧笛』にあるどこか横浜よりもヨコハマ、そこはかとなく漂う異国情緒が今でも潮の香と一体に感じられる。

そういうヨコハマの港の風景の中に氷川丸は溶けこんでいる。八十五年の風雪に耐え続けた頑健な身体、喜びも悲しみも一身に受けとめた八十五年である。

この「ものがたり」の結びに、氷川丸は歴史の生き証人だけではなく日本人の精神史をも背負っているという、日本郵船相談役宮原耕治の話を付け加えなくてはならない。

日本郵船宮原耕治相談役／平成27年4月（2015年）

「氷川丸は戦前の貿易、日本の海に大きな役割を果たし、戦中は病院船、戦後は引揚船として活躍した。途中で触雷もあったが、奇跡的にその命を繋ぎ、またシアトル航路に復帰した。日米の架け橋である。並みの船の三倍、四倍の『人生』を生きている、郵船にとってだけでなく、同時に日本の国にとっても大事な船だ」

先の戦争で日本郵船の約八五パーセントの船は沈没したという。亡くなった乗組員、社員は五千人を超える。特攻隊の戦死者が約六千人である。数の比較にはならないが、日本郵船一社で特攻隊に匹敵するような戦没者を出している。

海運というのはいろいろな物資を運んで生活を豊かにしていくという大きな使命を帯びている。平和を作り出す産業である。だから世界の平和を何よりも大事にしていかなければいけない、と宮原は言う。

「このことは郵船のみならず、海運の各社、経営者が末代まで胆に銘じなければならない」

私は学生時代に船底の船室だったが、当時世界有数の客船だったP&Oの「オリアナ号」でヨーロッパに渡った。途次いろいろなところに寄港し、イギリスのサウザンプトンへ二十八日間の船旅をした。この時の経験がその後の私の生き方の羅針盤になっている。異国を知ることがどれだけ人生を豊かにするか。

海は素晴らしい。だが今の若者は船に乗りたがらない。それだけではない。ある時、国際通で知られる資生堂名誉会長の福原義春から、若い人は海外に出るのを好まない傾向にあると聞いた。今や「海外雄飛」という言葉は死語に近い。

だが宮原は若い世代に悲観してはいない。むしろ期待感が強い。子どもたちに、青年たちに、もっと海のこと、船のこと、世界のこと、それをもっと知ってもらうことが課題だ、と語る。

「日本人は海洋民族、本来的に体の中に海が生きている。だから、あとはそれに火を付けることです」

氷川丸八十五年の航跡は我々に平和への道筋を示してくれているかのようだ。

第六章 引退そして新しい使命

おわりに

私は近代日本文学を大学で教えている。竹山道雄『ビルマの竪琴』をよく取りあげる。作品はこんな書き出しではじまる。

「兵隊さんたちが大陸や南方から復員してかえってくるのを、見た人は多いと思います。みな疲れて、やせて、元気もなくて、いかにも気の毒な様子です。中には病人になって、蠟のような顔色をして、担架にかつがれている人もあります」

戦争が終ると戦地の兵士だけではなく、外地から一般の人々の引揚がはじまった。竹山は引揚船がつく横須賀や浦賀の桟橋に足を運んだ。その中に自分の教え子がいるのではないかと思ったからだ。

昭和十八年（一九四三）の秋の夕方だった。竹山は有楽町の駅のホームに立っていた。すこし離れた建物の屋根に、電光ニュースが明滅しながら走っていた。それには「タラワ島ノ全員玉砕ス……」とあった。竹山は「おののきを禁じえませんでした」と『ビルマの竪琴』のあとがきにも書いている。

それからしばらくして、竹山の教え子の学生がタラワ島で戦死したという報せが届いた。竹山は南洋の絵のような青い海のほとりの椰子のしげった砂浜に、教え子の屍がよこたわっている様子が目に浮かんだ。

「多数の若者がどこか知らない所で死んでいった。その霊を慰めるという、わずかばかりの小さな気持ちが物語を書かせた」

『ビルマの竪琴』の原作者竹山道雄氏に初めてお目にかかったのは、四十年も前になるが、今でもその時の言葉が耳からはなれない。

戦後七十年の節目の年に本書を世に送り出すことは光栄なことだ。

惜しみなく資料を提供して下さった日本郵船の宮原耕治相談役に感謝を申し上げます。藤木企業の藤木幸夫会長には港の男の息づかいを教えていただいた。三菱商事顧問古川冶次氏には本書を原作としたアニメーション映画にも多大な協力をいただいている。

お一人お一人の御名前をあげることは出来ないが、出版にあたってお世話になったすべての皆さまに心から御礼申し上げます。

二〇一五年四月

伊藤　玄二郎

あとがき

二〇一五年は戦後七〇年の節目の年だった。十二月十八日、天皇陛下は宮内庁で記者会見し、先の大戦で亡くなった人々へ「心が痛みます」と言葉を寄せている。中でも徴用された船と運命を共にした民間の船員や氷川丸の名をあげて次のように述べている。

「日本は海に囲まれ、海運国として発展していました。私も小さい時、船の絵葉書を見て楽しんだことがありますが、それらの船は、病院船として残った氷川丸以外は、ほとんど海に沈んだということを後に知りました。制空権がなく、輸送船を守るべき軍艦などもない状況下でも、輸送業務に携わらなければならなかった船員の気持ちを本当に痛ましく思います。」

苦難に耐え生き抜いて来た氷川丸にとっては有難い言葉である。

本書の刊行直後から様々なお手紙やメール・電話をいただいている。この度、重版するにあたりその中から資料として本書を補遺する必要と思われるもの、私の氷川丸の思い出につながる話など取り上げさせていただいた。

本書は昨年十一月、住田正一海事史奨励賞受賞の栄に浴した。アニメ映画「氷川丸ものがたり」は七月に山縣勝見賞特別賞をいただくことになっている。

また氷川丸は国の重要文化財指定になることが三月に決まった。日本の近現代史の貴重な生き証人である氷川丸に再びスポットライトが当てられている。嬉しいことだ。

接収されていた山下公園

――小山内美江子さん――

刊行後間もなく、脚本家の小山内美江子さん（八十六歳）から次のような手紙をいただいた。

「私は横浜生まれと申しましても一番東のはずれですので、何かとあれば東京へ行く方が多いのですが、少女時代、よく父が桜木町から歩き、吉田橋を渡って伊勢佐木町の方へ連れて行ってくれたものですから、とぎれとぎれの印象の中に野沢屋、寿屋など鶴見にはないデパートの魅力はたまらないものであり、中華街で食事をとったあとは必ず海の方に出ますから、いわゆる山下公園はいつも好奇心一杯でのぞきながら歩いたものです。それもハッキリと記憶に残る年齢になってからのことですし、その頃はいわゆる年頃、思春期と申しましょうか、山下公園は一面がグリーンの素晴らしい広場でその中に将校用だと聞きました住宅がゆったりと何軒も立っておりました。憧れのハウスでした。

氷川丸はその向こうにけい留されていて、勿論女学生の頃の私たちが行けるところではありませんでした。」

鎌倉に住んでいた私の小学校での遠足は横浜港と野毛山動物園だった。私が見た山下公園は小山内が目にしたのと同じ風景だった。現在、山下公園として開放されている一帯はフェンス

小山内美江子（2016年）

に囲まれ、米軍の住宅が整然と建ちならび、その中をアメリカの子どもたちが遊んでいた。その次に氷川丸を目にしたのは「まえがき」にも書いたが、高校生になってからだ。山下公園を囲んだフェンスも、米軍の住宅もなく、遮るもののない海は目の前に広がり、足元の緑の芝生の先には氷川丸があった。「平和」とは、きっとこういうことなのかと、イガグリ頭の高校生は思った。

舞鶴空襲と父の戦死
―木佐貫秀彌さん―

本文で氷川丸が舞鶴で終戦を迎えたことを書いた。終戦間近な昭和二十年七月二十九日、舞鶴は米軍機による初空襲を受けた。公務で外出していた二人の乗組員が被爆戦死した。このことは日本郵船の船史の中で業務上初めての戦死である。この日、被爆し亡くなった木佐貫秀嗣の長男秀彌さんからお手紙をいただいた。

「小生は、昭和十四年三月・横浜生まれ、昭和二十年七月二十九日の舞鶴空襲で、舞鶴・工廠港湾地域の陸上で被爆死・殉職した病院船氷川丸機関部乗組員・木佐貫秀嗣（享年四十歳）の

木佐貫秀彌（2015年）

長男（当時六歳、縁故疎開先・小田原近郊の国民学校一年次）です。

当時、長い期間の消息・音信不通を経た後、日本郵船社からの連絡に基づいて、同年九月二日（大戦終結・ポツダム宣言・降伏調印日を期して、戦死の公表に至ったものか？）、再疎開先の御殿場から、母に手を牽かれて病院船・氷川丸を訪船して、父の遺骨・位牌を受け取り、船内の散髪室で頭を刈ってもらったのが病院船・氷川丸乗船の唯一の記憶です。父は、現在鎌倉市内の東光山・英勝寺で母・やよひと安らかに眠っております。

（中略）

小生がバイブル同然大事にしていた旧刊『氷川丸物語』（昭和五十三年夏に購入）元々、亡父のことが実名で記載されていたことから父のことを知る唯一の情報源としていましたが、今般の貴巻頭言『この本を読むにあたって』の項を拝読して太い繋がりがあることを知り得たこと、中でも、今般の『氷川丸ものがたり』では、昨年、長年の懸案事項であった父の終焉の地・舞鶴を訪れたときにお会いした舞鶴市長・多々見良三氏のこと、またその折りに初めて知った第二氷川丸の存在並びに不可思議な出来事、一方で、氷川丸ゆかりの新たなる写真の数々に接することにより、八十五年に及ぶ航跡に思いを馳せ、父の関わりに対して心豊かさを覚えました。」

木佐貫秀彌は平成二十七年八月七日、鎌倉でのアニメ映画「氷川丸ものがたり」特別上映に足を運んで下さった。短い時間だったが御父君の最期のお話は胸に迫るものがあった。

太平洋戦争前夜 ——鳥海靖さん——

東京・浅草に住む、渡辺典子さんから電話をいただいた。昭和二十一年八月から引揚げ船、氷川丸の指揮を執った鳥海金吾船長の姪にあたる方だった。渡辺の紹介で金吾の次男、鳥海靖さんにお会いした。靖は東京大学名誉教授で専門は日本近現代史。

「昭和十五年の暮れ、私が小学一年の頃でした。母から『お父さんに召集令状がきた』と言われました。私は召集令状とはむしろ名誉なことで、『万歳』と出征していくものだからと考えていましたのでそんな危険なことだとは思いませんでした。深刻な反応を示さなかったので、母親が『この子は何も分からないのね』とつぶやいたことを覚えています。」

太平洋戦争の開戦直前、鳥海金吾は航海長として海軍に徴用された浅香丸でポルトガルの首都リスボンに向かった。ポルトガルは第二次世界大戦の中で中立国という立場にあった。金吾の断片的な話から、日独伊の三国同盟国であったドイツから提供された軍事物資を積んで日本に帰ってきたのではないかと靖は推測する。

浅香丸がアフリカの最南端を周ってインド洋に入り一切、港に寄らず灯りも点けず、天体観測だけで航海したのはそういう

鳥海靖（2016年）

事情が潜んでいたからかもしれない。浅香丸に乗り組んでいた海軍の軍人たちが不安を覚え「これで日本に着けるのか」と何回も言う。普段は余り感情を露わにしない金吾もさすがにむっとして「私たちは何回もこういう経験をしているから黙っていてください」と言ったという話を靖は耳にしている。

戦後、イギリスの外務省の機密文書が公開されて、その研究者が靖宅を訪ねてきた。金吾が亡くなった後のことである。イギリスの外交文書によると、浅香丸のリスボンでの任務についての情報はすでにイギリスが掴んでいた。潜水夫が浅香丸に爆弾を仕掛けようかという計画があった。しかし日本と戦争になることを恐れたイギリス上層部の命令で中止となり実行されなかった。

「私の父は全く知らなかったことでしょうけど。」と靖は言う。

太平洋戦争前夜の様子が垣間見える興味深い話だ。

杉原千畝と氷川丸 ―金子政則さん―

二〇一六年二月、氷川丸で、あるシンポジウムが開催された。第二次世界大戦中、ユダヤ難民を救った「命のビザ」で知られる外交官杉原千畝に関するシンポジウムだ。「杉原リスト - 一九

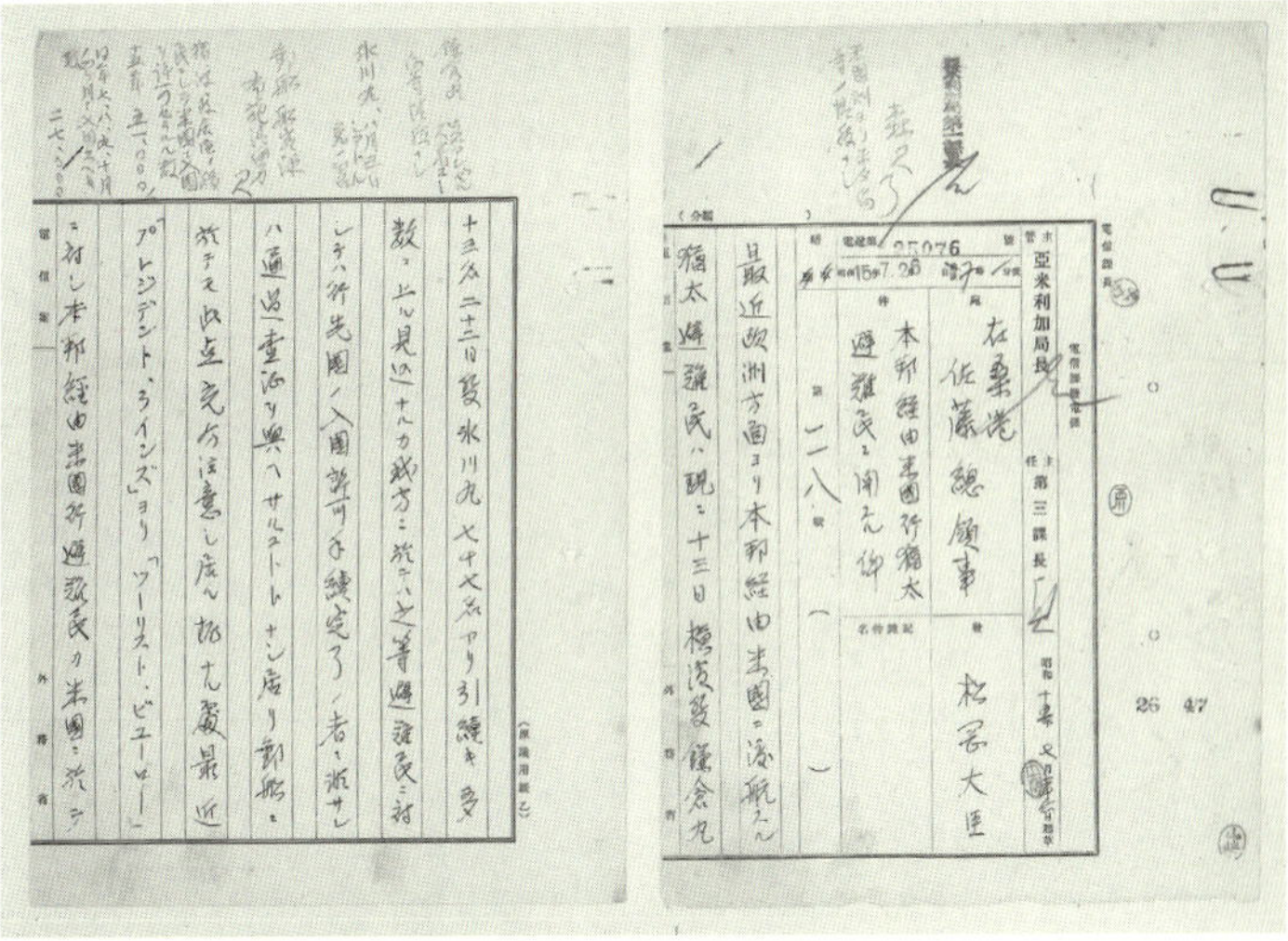

1940年7月26日付松岡外務大臣電報（外務省外交資料館所蔵）

四〇年、杉原千畝が避難民救済のための人道主義・博愛精神に基づき大量発給した日本通過ビザ発給の記録」が国連教育科学文化機関（ユネスコ）の世界記憶遺産登録の国内候補に選ばれたからだ。氷川丸はそのビザで難民が避難する際に乗船した船で唯一現存している証人だ。

主催は杉原の出身地、岐阜県加茂郡八百津町。二〇一七年の正式登録に向け、「人道のまち・世界の八百津町」を発信していくという金子政則八百津町長に話を聞いた。

「八百津町では二十五年以上前から杉原さんの功績について顕彰事業を進めていますが、私もこの一月、町長になるまで、氷川丸との関係を知りませんでした。しかし、町の杉原記念館には氷川丸の船上で撮った避難民の写真も展示してあり、横浜の人にも杉原さんとの関係を紹介したいとシンポジウムを開催しました。

平和への願いは世界共通です。杉原さんの人道精神を継承していこうと町の教育プランに取り入れています。杉原さん出身の早稲田大学には千畝ブリッジングプロジェクト（杉原千畝の勇気ある決断を世界の人々に知らせ、戦争の悲惨さや平和の尊さを発信するために活動している学生団体）があり、町の中学生との交流も始まります。中高校生にはグローバルな視野を持って欲しいと願っています。ユネスコの世界記憶遺産認定に向けての活動を機に杉原さんの功績を全世界に発信していきたいと思っています。」

昭和十五年（一九四〇）七月二十六日、松岡洋右外務大臣が在サンフランシスコ総領事にあてて出した電報の一部が外務省に保管されている。この中で、ヨーロッパから日本経由でアメリカに渡るユダヤ人難民が、この月の十三日横浜港出航の鎌倉丸に十三名、二十二日出航の氷川丸に七十七名あり、引き続き多数に上るであろう、と述べられている。このように、日本に逃れて来たユダヤ人の多くは、日本を通過してさらに他の国に避難していった。

金子政則町長（2016年）

日本赤十字社看護婦として乗船

―宮本やゑさん―

戦後、病院船「氷川丸」に乗って引き揚げ輸送に従事した宮本やゑさん（九十一歳）は私のスタッフを通して連絡をいただいた。十八歳で女学校を卒業し、戦争中は海軍技術研究所に通い、十九歳で日赤に入った。

氷川丸への乗船は「広い海が好きだったから」と救護の看護婦として志願した。昭和二十一年九月、最初に着いたのは葫蘆島だった。ソ連兵から逃れて、なんとか船にたどりついた人々は骨と皮のような人ばかりで、一週間程で内地に着くころには、体力を回復する人もいれば、命を落とす人もいた。

「船に助けられて、安心してしまうのか、力尽きてしまう人がなんと多かったことか……。」

宮本やゑ（2016年）

それでも、救護班の看護婦たちは、兵士の体を拭うという作業を繰り返した。今でも当時を思い出すと、コマネズミの如く良く動いた自分の姿がよみがえる。生きて祖国の地を踏ませたいという一心だけだった。

「いと懇ろに看護する心の色は赤十字」（婦人従軍歌）と歌っていたように、やゑたちは、「倒れてのち已む」と教えられ、命を懸けての看護だった。

父の恋人・氷川丸

——倉本洋子さん——

ピアニストの倉本洋子さんの父の倉本勇（九十歳）さんは氷川丸の乗組員だった。私と洋子さんとは三十年以上の付き合いだが、本書を上梓するまでそういう縁があるのを知らなかった。氷川丸が結ぶ縁である。

倉本勇、洋子（2016年）

「父は終戦後すぐに引き揚げ船（アメリカ船籍ＬＳＴ、リバティなど）に乗務し、客船として国内定期航路に再就航した氷川丸に事務員とし乗船しておりました。その後、横浜港に係留された氷川丸へは『彼女に会いに行く』と、年に何回も足を運び、また柳原良平さんの本を参考にして船の模型を作り、氷川丸の記事にはくまなく目を通し、持っている写真や体験談などを投稿するなど、氷川丸あっての人生といっても過言ではないほどです。

一昨年、父が地元の歴史サークルで話した船の記事が、今もネット上に上がっています。」

卒寿を迎えた倉本の父は氷川丸の話をすると、目を輝かせ姿勢を正すという。

氷川丸と加山雄三の歌
―斎藤栄さん―

本書の出版直後に作家 斎藤栄さん（八十四歳）からも手紙をいただいた。

「氷川丸が山下公園に係留されて五十年ですか。なつかしさに身ぶるいしてしまいました。私にとりまして大切な思い出の場所なのです。」

斎藤栄（2015年）

斎藤は昭和四十一年『殺人の棋譜』で江戸川乱歩賞を受賞した。マスコミの取り上げ方は芥川・直木賞より大きかった。松本清張が日本推理作家協会の理事長だったことも影響していると思われる。当時、「公務員作家登場」という見出しが、新聞や雑誌にあふれた。斎藤は、昭和三十年横浜市が第一回の幹部候補をうたった公募で採用された横浜市職員だった。同級生たちがすぐに祝いの席をもうけた。氷川丸の船上である。

晩夏の夕暮れの風が心地よく、賑わいのなかに、加山雄三のヒット曲が流れていた。あれから間もなく五十年。喧騒のなかでの祝杯と加山雄三の歌が、つい昨日のように鮮明に甦る、と斎藤は書いている。

美しいシャープな姿

―棚橋善克さん―

東北大学の医学部臨床教授をつとめた棚橋善克さんは現在、仙台市内で開業する泌尿器科の医師である。本書を刊行して間もなくメールをいただいた。

棚橋は中学・高校時代、休みに入ると鎌倉で開業していた叔父の家で過ごした。叔父は、ノーベル賞作家の川端康成やフクちゃんで有名な漫画家横山隆一などの主治医でもあった。その叔父の家で、大きな外国客船が横浜に入港しているニュースを耳にすると、叔父にせがみ、診療終了後、叔父の車で横浜港へ連れていってもらった。大桟橋に立ち、豪華で大きな外国船を見るのが楽しみだった。すでに係留されていた氷川丸は外国船に比べて小さかったがシャープさが好きだった。舳先がほぼ垂直に切り立ち、船尾は舵の構造上〝く〟の字型にみえる、氷川丸のちょっと古風ではあるがシャープな姿を見るたび「なぜか心が落ち着き、満足した気持ち」になった。

大学に入るとヨット部に入部した。東北大学と東京大学とのヨット部の伝統の定期戦があった。松島の海と横浜の海を舞台に交互に腕を競った。昭和三十九年は東京オリンピックの年。定期戦の舞台は横浜だった。東北大学のクルーは、当時ユースホステルとなっていた氷川丸に宿泊した。後部甲板には大きなテレビが設置してあり、東洋の魔女といわれた日紡貝塚とソ連の女子バレーボールの決勝戦が映しだされていた。最後の最後でもサーブが行き来し、あと一ポイントのところで足踏みを強いられていた。アナウンサーが「金メダルポイント」と何度も絶叫するのを部員全員が固唾をのんで応援していたのを昨日のように思い出す。

棚橋は『氷川丸ものがたり』を読み、その思い出深い船が、病院船や引揚船になった歴史を初めて知った。また、病院船の初代院長、金井泉の「臨床検査法提要」は学生にとっても、臨床医にとっても検査法のバイブルだったことに感慨を覚える。

棚橋善克（2012年）

棚橋は言う。「ポートランドにおける国連旗の授与、ナナイモでの野球大会などの項は、アメリカ人の日本にたいする寛容の精神を垣間見るようで、読んでいて涙が出た。まさに真の意味の『昨日の敵は今日の友』である。」と。

海運国・日本　―内田誠さん―

神戸大学海事科学部の内田誠学部長の話はいささかショックを覚えるものだった。

「日本の物流の重量物資源は百パーセント、海運に頼る。いうまでもなく航空機のメリットは速さ。即時性のもの、季節性のものは航空機で運ばれる。

しかしエネルギー効率からすると、揚力を使って飛ぶ航空機に比べ、浮力を使って空間に位置し、推進力を供給する船舶は効率で勝る。船舶は高速化には弱く、低速化には強い。速度が遅ければ遅いほど、きわめてエネルギー効率が高い。航空機と船舶の間を埋めるのが鉄道や自動車など陸上交通である。結果として安定的に日数がかかってもいい資源は船で運ぶのが最も効率が良いということになる。」

内田誠（2016年）

このことを私が知ったのはごく最近のことである。それだけ重要な海運なのにどうして海に目がいかないのか？　その理由を内田は次のようにいう。
「島国である日本は海で守られ、船で生活が支えられていると いうことが空気のような存在で、身近すぎたため、議論してこなかったという歴史があるのではないか。ただ、排他的経済水域であるとか隣国との海洋資源開発の問題で注目されるようになった。」

内田の次の話も興味深い。

「私に子どもができた時、絵本を探した。コンクリートミキサー車や飛行機や新幹線はあっても船の絵本はない。せいぜいヨットがあるくらい。働く船、自動車を運ぶ船、油を運ぶ船、そういう船が絵本になったものはない。自動車だとダンプカー、パトロールカー、バスとかいろんな本がある。」

それは、社会や教育に問題があるのではないかと内田は言う。小中学校の授業で海運であるとか海に触れる機会は少ない。物流のほぼ百パーセントが海運に頼っているという現実を知る中学や高校の社会科の先生はどれだけいるだろうか。

「海」の教育は「カイより始めよ」ということではないだろうか。

海をもっと知ろう

―竹内俊郎さん―

東京海洋大学（旧東京商船大学）の竹内俊郎学長も、まず物流のほとんど九十九・五%を船に頼っているという数字で危機的状況を語る。

竹内俊郎（2016年）

日本の領土・国土・EEZ（Exclusive Economic Zone：排他的経済水域）のトータルで日本は世界第六位という意味での海洋大国、海洋立国であった。その中で資源をどのように利用するのか、今、産業をおこしていこうという議論が熱をおびてきた。

しかし、「よく考えたらもっと足元を見なければいけない。物流の九十九・五%が船によって運ばれて貿易が行われているという事実を忘れていないか。」

「昔は夏になれば臨海実習があって、小学校の先生が子どもたちを海や川に連れて行ったが、今は山。島国なのに海を知らないでどうするのか。」と竹内は慨嘆する。磯で海の生物を採集したり、カヌーを漕いだりという体験も含めてもう一度臨海実習をさせてもらうことも大切なこと。そのためには先生たちの理解も必要だ。ボランティアや地域住民の方々にも取り組んでもらいたい。特に「過疎」「高齢化」と言われている地域に密着して元気になってもらうという取り組みと連動して行っていくと良いのではないかと竹内は言う。

子どもたちに海に興味を持ってもらうことを課題として、「江戸っ子一号」という深海艇を江東区の町工場の人たちと作った。それを教育現場の副読本にした。

二〇一一年の東日本大震災で津波によってついてしまった「海が怖い」とか「海は危ない」と

いうイメージを少しでも払拭し、「もっと海を知るべきだ」という働きかけを行っていくことも必要と竹内は考える。子どもたちは海が嫌いな訳ではない。「触ってみる」とか「船に乗ってみる」とか、体験を通して興味を持ってもらいながら「海」を学ぶ、という流れができることを竹内は期待している。

若者よ、海を目指せ　―山本勝さん―

山本勝さん（七十二歳）は、東京海洋大学（旧東京商船大学）の同窓会・海洋会を会長として束ねる。

山本勝（2016年）

日本郵船に入社後、航海士、船長を経て、専務取締役に昇りつめた。いわゆる現場の船乗りから経営陣に参画した数少ない海の男である。後輩の船乗りは畏敬の念をこめて山本を「提督」と呼ぶ。

山本が入社した一九六八年当時、日本郵船の船員は五千人前後、日本全体で外国航路の船員は五万人を超えていた。それが海運不況の中で急速に減少した。プラザ合意（一九八五年九月、G5により発表された、為替レート安定化に関する合意）の後、一九八九年にこの危機を乗り越えるために海運会社は雇用対策に乗り出した。コスト削減のために操船は外国人船員に置き換え、日本人船員は現場から陸上の仕事に転籍してもらうという苦渋の選択である。

日本人船員の数は急激に減った。日本郵船を例にとれば、五千人いた日本人の船員は千人台になり、今は約六百人。あとの乗組員は外国人である。中でも多いのはフィリピン人でその数、約七千人。九〇年代、日本郵船は首都マニラに合弁会社を作り、付属施設としてトレーニングセンターを作った。さらにレベルをあげるため、国立の商船大学を開校した。

山本は「これからはまさに船乗りが必要な時代になる。」と断言する。人が増えると物が増え、生活レベルが向上すればするほど物の輸送が拡大していく。人口の増加以上に海上輸送量は増えていく。貨物量が増えれば船が増えていく。船が増えれば当然、船員が必要になる、という理屈だ。船の性能が高まるにつれ、優秀な船員が必要になる。マネジメントも、より重要になる。それを担うのが日本人船員の役割だ。だから「若人よ、海を目指せ。」と山本は熱いエールをおくる。

船乗りの使命は崇高 ―田中伸一さん―

「全日本海員組合」はいち早く、拙著「氷川丸ものがたり」のアニメ化に向けて支援の名のりをあげてくれた。田中伸一組合長代行はその理由を次のように話す。

「氷川丸は今や日本郵船という一企業に属する船ではない。日本と言わず、世界の船の象徴である。明治維新以降、海外との貿易を欧米諸国に頼らざるを得なかった我が国で、明治二十五年（一八九二）にようやく初の日本人船長が誕生した。やがて日本は世界をリードする海運国になった。氷川丸はそのシンボルである。

私たち船員にとっては憧れの船だ。氷川丸を大切に守るのは海運界全体の使命。華やかな豪華貨客船として航海にのりだした。しかしその後、病院船、引き揚げ船として、どれだけ多くの人の命を助けたことか。その苦難を乗り越えて太平洋航路に復帰する。氷川丸は日本が復興していく中で未来に向かう澪標だった。これほど光と影を背負った船は他に例をみない。

田中伸一（2016年）

氷川丸の歴史は単に船の歴史ではない。日本の光と影を背負っている。先の戦争では、実に船員の四十％、六万人が亡くなっている。軍人の二十％の死亡率に比べるとその犠牲の大きさを改めて知る。海の平和は世界の平和へとつながる。海の平和なくして平和な世界は存在しない。船乗りは、遠く家族と離れ、時には激しく荒れ狂う海を越えて、人の命や人の生活に必要な物資を運ぶ崇高な仕事だ。

この本や映画で、一人でも多くの子どもたちに海への関心と好奇心を持って欲しい。海は広くて大きい。世界中へとつながっている。海で育まれた経験が人生を豊かにしてくれる。太平洋に、時にプカリと漂うマンボウや、楽しく遊ぶイルカ達を眺めるのは楽しいものです。」

海事振興議員連盟の活動

―衛藤征士郎さん―

衛藤征士郎（2016年）

超党派の国会議員三百五十人で構成される「海事振興議員連盟」が氷川丸を国の重要文化財に指定し、後世に永くその航跡を伝えていく活動をスタートしたことは本文に述べた。

「海事振興議連」会長衛藤征士郎、副会長兼事務総長高木義明議員などの呼びかけで二〇一五年九月十五日、国会議事堂内の衆議院講堂でアニメ映画「氷川丸ものがたり」が特別上映された。谷垣禎一、漆原良夫議員などの国会議員に加えて文部科学省土屋定之事務次官、国土交通省坂下広朗海事局長はじめ多くの海事関係者の顔があった。

映画に先立ち衛藤は「この一冊は氷川丸スピリッツ・ソウルを日本の国会に吹き込んでくれた」とあいさつした。氷川丸の存在の大きさを示す話である。

衛藤の出身は大分である。東京の大学で学んだ衛藤は帰郷、上京はもっぱら船であった。青春時代、肌に触れた大海原の表情は大志とロマンを育んでくれたと言う。『氷川丸ものがたり』を読んで更に衛藤は「病院船」建造の意を強くした。アメリカ、フランス、ロシア、イタリア、中国などには先端医療施設を備えた病院船がある。しかし、世界有数の海運国である日本にはない。阪神淡路大震災、東日本大震災に際して病院船があれば、もっと多くの命を救うことが出来たのではないかと衛藤は悔む。東海沖、南海トラフの地震が想定されている中で、計画の早期実現をと衛藤は意欲を燃やす。

むすびに　赤十字そして人道

―近衛忠煇さん―

私の原作を元にしたアニメ映画「氷川丸ものがたり」のヤマ場の一つに、ラバウルの野戦病院の傷病兵たちを氷川丸に緊急避難させるシーンがある。看護婦さんたちが掲げる赤十字の旗が印象的に描かれている。そういう経緯もあって、映画には日本赤十字社の推薦をいただいた。そのお礼かたがた映画の完成後、日本赤十字社の近衛忠煇さんを訪ねた。近衛は日本赤十字社の社長であり、世界一九〇の国と地域を束ねる国際赤十字・赤新月社連盟の会長を務める。

近衛忠耀（2016年）

太平洋戦争で、多くの日赤の看護婦さんが亡くなった。今も世界の各地で戦闘が繰り広げられて戦場で亡くなる赤十字の関係者は多い。近衛の話では、シリアでは、これまで五十二名の赤新月社（イスラム圏の赤十字組織）のボランティアやスタッフが殉職した。戦闘に巻き込まれたり救急車が銃撃されたり、救援隊が拉致されて殺されたりと、常に危険と隣合わせの中で、赤十字の活動は続けられている。

加盟国間で紛争が起こるケースは珍しいことではない。当事国は、それぞれが正義の戦いだと言う。赤十字が主張する原理原則を合意している者同士が争った場合の、国際赤十字・赤新月社連盟会長としての身の処し方、ハンドリングはかなり難しいことに違いない。

赤十字には「人道、公平、中立、独立、奉仕、単一、世界性」という七つの原則がある。昨年（二〇一五年）この原則が採択されて五〇周年のセレモニーがウィーンであり、「七原則は今日でも有効なのか」が議論になり、「かたくなに守るべきだ」との結論になった。

ただ、「今の世界は、中立の座標軸が非常に取りにくい。冷戦時代は東と西の真ん中をとれば中立だったのが、今は、中立がどこなのか、明確でない。仮に中立地点を見つけられたとしても、その当事者に理解してもらうのは、簡単ではない」と近衛は言う。

「人情」と「人道」の違いについて近衛の説明は興味深い。

「自分の親しい人が病気になったら同情し助けたいと思うのは『人情』。しかし、嫌いな人、憎い人に何かあったらどうか。普通は『ざまあみろ』という気持ちになるのが大方。しかし、嫌な人でも困っていたら助けなければいけない、これが『人道』。」

「軍人である前に医者として、医者である前に人間として、戦況よりも戦傷者の容態を。」これが赤十字の精神だ、と言った病院船氷川丸の初代院長金井泉の言葉が改めてよみがえる。

氷川丸航海記録（昭和5年〜35年）

次航	発航年月日	発航港	到達港	帰着年月日	帰着港	昭和史　太字は氷川丸
1	5・5・13	神戸	シアトル	5・7・12	香港	ロンドン軍縮会議　五国条約調印　金輸出解禁実施
2	5・7・16	香港	シアトル	5・9・13	香港	農業恐慌　**ロンドン軍縮条約批准書を運ぶ**
3	5・9・24	香港	シアトル	5・12・2	香港	
4	5・12・3	香港	シアトル	6・2・1	香港	
5	6・2・12	香港	シアトル	6・5・24	神戸	満州事変起る　金輸出再び禁止
6	6・5・25	神戸	シアトル	6・7・20	香港	重要産業統制法公布
7	6・7・28	香港	シアトル	6・9・28	香港	
8	6・10・6	香港	シアトル	6・12・2	香港	
9	6・12・15	香港	シアトル	7・2・13	香港	
10	7・3・1	香港	シアトル	7・5・1	香港	五・一五事件　上海事変起る
11	7・5・24	香港	シアトル	7・7・25	香港	満州国建国宣言　**チャップリン乗船**
12	7・8・2	香港	シアトル	7・9・25	大阪	
13	7・10・3	神戸	シアトル	7・11・20	香港	
14	7・11・28	神戸	シアトル	8・1・16	大阪	
15	8・2・1	神戸	シアトル	8・3・20	大阪	国際連盟脱退
16	8・3・27	神戸	シアトル	8・5・11	大阪	米穀統一法
17	8・5・22	神戸	シアトル	8・7・4	大阪	外国為替管理令公布
18	8・7・16	神戸	シアトル	8・8・29	大阪	アメリカ、ニュー＝ディール政策
19	8・9・5	神戸	シアトル	8・10・17	大阪	ヒットラー内閣成立
20	8・10・21	神戸	シアトル	8・12・4	大阪	
21	8・12・13	神戸	シアトル	9・1・28	大阪	
22	9・2・3	神戸	シアトル	9・3・19	大阪	
23	9・3・24	神戸	シアトル	9・5・7	大阪	日印通商協定
24	9・5・21	神戸	シアトル	9・7・3	大阪	日英通商会議
25	9・7・16	神戸	シアトル	9・8・29	大阪	満州国帝政実施

26	9・9・1	神戸	シアトル	9・10・15	大阪	右翼労働運動起る
27	9・10・22	神戸	シアトル	9・12・5	大阪	
28	9・12・12	神戸	シアトル	10・1・29	大阪	
29	10・2・4	神戸	シアトル	10・3・20	大阪	美濃部達吉の天皇機関説問題化
30	10・3・23	神戸	シアトル	10・5・5	大阪	ドイツ、ヴェルサイユ条約破棄宣言
31	10・5・20	神戸	シアトル	10・7・3	大阪	イタリア、エチオピア戦争起る
32	10・7・15	神戸	シアトル	10・8・27	大阪	
33	10・9・3	神戸	シアトル	10・10・15	大阪	
34	10・10・19	神戸	シアトル	10・12・2	大阪	
35	10・12・11	神戸	シアトル	11・1・27	大阪	
36	11・2・3	神戸	シアトル	11・3・18	大阪	二・二六事件
37	11・3・23	神戸	シアトル	11・5・6	大阪	ドイツラインラント進駐
38	11・5・18	神戸	シアトル	11・7・1	大阪	イタリアがエチオピアを併合
39	11・7・14	神戸	シアトル	11・8・29	大阪	
40	11・9・2	神戸	シアトル	11・10・17	大阪	米穀自治管理法公布
41	11・10・21	神戸	シアトル	11・12・6	大阪	日独防共協定調印
42	11・12・19	神戸	シアトル	12・1・31	大阪	
43	12・2・6	神戸	シアトル	12・3・25	神戸	
44	12・3・29	神戸	シアトル	12・5・11	大阪	
45	12・5・24	神戸	シアトル	12・7・6	大阪	日ソ石油交渉成立
46	12・7・19	神戸	シアトル	12・9・1	大阪	日華事変起る
47	12・9・6	神戸	シアトル	12・10・20	大阪	軍需工業動員法発動　**秩父宮殿下勢津子妃殿下乗船**
48	12・10・23	神戸	シアトル	12・12・5	大阪	日独伊三国防共協定調印
49	12・12・15	神戸	シアトル	13・1・28	大阪	南京・杭州入城
50	13・2・5	神戸	シアトル	13・3・24	神戸	国家総動員法官報告示
51	13・3・28	神戸	シアトル	13・5・12	神戸	綿糸配給切符制実施
52	13・5・23	神戸	シアトル	13・7・8	大阪	**嘉納治五郎船内で死亡**

次航	発航年月日	発航港	到達港	帰着年月日	帰着港	昭和史　太字は氷川丸
53	13・7・18	神戸	シアトル	13・8・31	大阪	
54	13・9・6	神戸	シアトル	13・10・21	大阪	
55	13・10・24	神戸	シアトル	13・12・7	大阪	ミュンヘン会談（独英仏伊）
56	13・12・16	神戸	シアトル	14・1・30	大阪	
57	14・2・8	神戸	シアトル	14・3・24	大阪	賃金統制令・価格統制令の国民徴用分実施
58	14・3・29	神戸	シアトル	14・5・13	大阪	
59	14・5・27	神戸	シアトル	14・7・8	大阪	ノモンハン事件
60	14・7・20	神戸	シアトル	14・8・31	大阪	
61	14・9・4	神戸	シアトル	14・10・18	大阪	ドイツ軍ポーランド侵入　第二次世界大戦起る
62	14・10・23	神戸	シアトル	14・12・7	大阪	
63	14・12・12	神戸	シアトル	15・1・24	神戸	
64	15・2・9	神戸	シアトル	15・3・24	大阪	日独伊三国同盟締結　大政翼賛会発足
65	15・3・29	神戸	シアトル	15・5・11	大阪	
66	15・5・17	神戸	シアトル	15・6・29	大阪	フランス降伏
67	15・7・19	神戸	シアトル	15・8・31	大阪	米国、在米日本資産凍結
68	15・9・7	神戸	シアトル	15・10・24	大阪	
69	15・11・1	神戸	シアトル	15・12・16	大阪	米国・英国に宣戦　**太平洋戦争**
70	15・12・21	神戸	シアトル	16・2・2	神戸	
71	16・2・9	神戸	シアトル	16・3・28	神戸	小学校を国民学校と改称
72	16・4・14	神戸	シアトル	16・5・29	大阪	日ソ中立条約
73	16・6・2	神戸	シアトル	16・7・20	大阪	ドイツ、対ソ宣戦
74	16・8・9	横浜	シアトル	16・9・16	横浜	米英、大西洋憲章発表　**シアトル航路閉鎖**
海軍病院船						
1	16・12・23	横須賀	ルオット	16・12・31		
	17・1・2	ルオット	トラック	17・1・5		マニラ占領

	17・1・16	トラック	トラック	17・1・29		日独伊新軍事協定
	17・2・1	トラック	クエゼリン	17・2・4		シンガポール攻略
			ルオット	17・2・5		味噌・醤油と衣料品点数切符制に
	17・2・6	ルオット	ウォッジェ	17・2・7		
	17・2・8	ウォッジェ	タロア	17・2・8		
	17・2・8	タロア	クエゼリン	17・2・9		
	17・2・9	クエゼリン		17・2・16	横須賀	
2	17・2・22	横須賀	トラック	17・2・27		食糧管理法公布
	17・2・28	トラック	パラオ	17・3・3		
	17・3・6	パラオ	ラバウル	17・3・10		
	17・3・18	ラバウル	トラック	17・3・21		
	17・3・26	トラック	グアム	17・3・28		
	17・3・31	ダアム	サイパン	17・4・1		
	17・4・1	サイパン		17・4・5	横須賀	
3	17・4・25	横須賀	トラック	17・4・30		
	17・5・5	トラック	ラバウル	17・5・8		
	17・5・11	ラバウル	クインカロラ	17・5・12		
	17・5・12	クインカロラ	トラック	17・5・15		
	17・5・17	トラック		17・5・22	横須賀	ミッドウェー海戦　**山本五十六司令長官来艦**
4	17・6・26	呉	ダバオ	17・7・1		
	17・7・3	ダバオ	メナド	17・7・4		
	17・7・5	メナド	ケンダリ	17・7・6		
	17・7・7	ケンダリ	アンボン	17・7・8		
	17・7・9	アンボン	クーパン	17・7・11		
	17・7・11	クーパン	マカッサル	17・7・13		
	17・7・15	マカッサル	バリックパパン	17・7・16		
	17・7・18	バリックパパン	スラバヤ	17・7・19		

次航	発航年月日	発航港	到達港	帰着年月日	帰着港	昭和史　太字は氷川丸
	17・7・22	スラバヤ	昭南	17・7・25		
	17・7・26	昭南	サイゴン	17・7・28		
	17・7・30	サイゴン	マニラ	17・8・2		**氷川丸神社祭**
	17・8・5	マニラ	馬公	17・8・7		米軍、ガダルカナル上陸
	17・8・8	馬公	佐世保	17・8・10		ソロモン海戦
5	17・8・11	佐世保		17・8・12	呉	インド、日本に降伏　中国不平等条約改正
	17・8・28	黒島水道	トラック	17・9・4		ドイツ軍スターリングラード突入
	17・9・6	トラック	ラバウル	17・9・9		
	17・9・11	ラバウル	カビエン	17・9・11		
	17・9・12	カビエン	トラック	17・9・14		
	17・9・15	トラック		17・9・20	横須賀	
6	17・9・26	横須賀	トラック	17・10・2		
	17・10・7	トラック	ラバウル	17・10・9		
	17・10・10	ラバウル		17・10・18	横須賀	
7	17・10・22	横須賀	トラック	17・10・28		**金井院長退船**
	17・11・7	トラック	ブイン沖投錨	17・11・10		
	17・11・11	ブイン	ラバウル	17・11・12		
	17・11・13	ラバウル		17・11・21	横須賀	
8	17・11・29	横浜	トラック	17・12・6		
	17・12・11	トラック	ブイン	17・12・14		
	17・12・14	ブイン	ラバウル	17・12・15		**ピストンロッド切断**
	17・12・17	ラバウル		17・12・25	横須賀	
9	18・1・5	横浜	トラック	18・1・11		
	18・1・18	トラック	ラバウル	18・1・21		
	18・1・21	ラバウル		18・1・29	横須賀	
10	18・2・5	横須賀	トラック	18・2・11		ガダルカナル島から日本軍撤退

	18・2・14	トラック	カビエン	18・2・16		
	18・2・16	カビエン	ラバウル	18・2・17		
	18・2・17	ラバウル	トラック	18・2・20		
	18・2・24	トラック	サイパン	18・2・26		
	18・2・26	サイパン		18・3・2	横須賀	
11	18・3・12	横浜	サイパン	18・3・16		
	18・3・16	サイパン	トラック	18・3・18		
	18・3・23	トラック	ブイン	18・3・26		
	18・3・26	ブイン	ラバウル	18・3・27		
	18・3・27	ラバウル	カビエン	18・3・28		
	18・3・28	カビエン	トラック	18・3・30		
	18・4・1	トラック		18・4・8	横須賀	
12	18・4・18	横須賀	トラック	18・4・24		
	18・4・28	トラック	ラバウル	18・5・1		
	18・5・2	ラバウル	カビエン	18・5・3		コミンテルン（共産主義インターナショナル）解散
	18・5・3	カビエン	トラック	18・5・5		
	18・5・7	トラック	サイパン	18・5・9		
	18・5・9	サイパン		18・5・13	横須賀	アッツ島守備隊玉砕
13	18・6・11	横須賀	ラバウル	18・6・19		
	18・6・19	ラバウル	トラック	18・6・22		
	18・7・4	トラック	カビエン	18・7・6		
	18・6・6	カビエン	ラバウル	18・7・7		
	18・7・7	ラバウル	カビエン	18・7・7		
	18・7・7	カビエン	トラック	18・7・10		
	18・7・13	トラック		18・7・18	横須賀	
14	18・7・28	横須賀		18・9・		
	18・・			18・9・1	横須賀	イタリア無条件降伏

次航	発航年月日	発航港	到達港	帰着年月日	帰着港	昭和史　太字は氷川丸
15	18・9・9	横須賀	マニラ	18・9・15		蔣介石、軍政両権を握る
	18・9・18	マニラ	ダバオ	18・9・21		
	18・9・22	ダバオ	アンボン	18・9・24		
	18・9・24	アンボン	クーパン	18・9・26		
	18・9・26	クーパン	マカッサル	18・9・28		
	18・9・28	マカッサル	バリックパパン	18・9・29		
	18・10・2	バリックパパン	スラバヤ	18・10・3		
	18・10・10	スラバヤ	ジャカルタ	18・10・11		チャンドラ・ボース、自由インド仮政府樹立（シンガポール）
	18・10・13	ジャカルタ	昭南	18・10・15		日独共同声明
	18・10・18	昭南	西貢	18・10・21		
	18・10・22	西貢	三亜	18・10・24		
	18・10・25	三亜	高雄	18・10・25		
	18・10・28	高雄	佐世保	18・10・31		
	18・11・2	佐世保		18・11・4	横須賀	大東亜会議開催
16	18・11・16	横須賀	トラック	18・11・22		カイロ会談　米軍マーシャル群島上陸
	18・12・12	トラック	クエゼリン	18・12・15		テヘラン会談
	18・12・16	クエゼリン	ルオット	18・12・16		
	18・12・16	ルオット	ウオッジエ	18・12・17		
	18・12・18	ウオッジエ	タロア	18・12・18		
	18・12・18	タロア	クエゼリン	18・12・19		
	18・12・21	クエゼリン	ルオット	18・12・21		
	18・12・22	ルオット	トラック	18・12・25		
	18・12・28	トラック	パラオ	18・12・31		
	19・1・2	パラオ	佐世保	19・1・7		
	19・1・9	佐世保		19・1・11	横須賀	
17	19・1・19	横須賀	トラック	19・1・25		

	19・1・28	トラック	ラバウル	19・1・31		
	19・1・31	ラバウル	トラック	19・2・3		
	19・2・3	トラック	別府	19・2・9		
	19・2・10	別府	呉	19・2・11		
	19・2・12	呉		19・2・14	横須賀	
18	19・2・20	横須賀	トラック	19・2・28		
	19・2・28	トラック	パラオ	19・3・2		
	19・3・6	パラオ	バリックパパン	19・3・10		
	19・3・12	バリックパパン	パラオ	19・3・12		
	19・3・18	パラオ	サイパン	19・3・21		
	19・3・21	サイパン		19・3・25	横須賀	
19	19・4・20	横須賀	サイパン	19・4・24		
	19・4・25	サイパン	トラック	19・4・27		
	19・4・27	トラック	パラオ	19・5・1		
	19・5・1	パラオ	バリックパパン	19・5・5		
	19・5・6	バリックパパン	アンボン	19・5・9		
	19・5・9	アンボン	スラバヤ	19・5・13		
	19・5・17	スラバヤ	昭南	19・5・19		
	19・5・24	昭南	マニラ	19・5・28		
	19・5・30	マニラ	佐世保	19・6・4		
	19・6・13	佐世保		19・6・14	横須賀	連合軍ノルマンディー上陸
20	19・7・1	横須賀	パラオ	19・7・9		マリアナ沖海戦で海軍機動部隊壊滅
	19・7・9	パラオ	トラック	19・7・13		サイパン島日本軍全滅
	19・7・13	トラック	メレヨン	19・7・15		
	19・7・15	メレヨン	ダバオ	19・7・19		
	19・7・26	ダバオ		19・8・1	横須賀	
21	19・9・2	横須賀	呉	19・9・3		

次航	発航年月日	発航港	到達港	帰着年月日	帰着港	昭和史　太字は氷川丸
	19・9・5	呉	マニラ	19・9・12		
	19・9・15	マニラ	スラバヤ	19・9・20		
	19・9・25	スラバヤ	シャムアン	19・9・25		
	19・9・26	シャムアン	バリックパパン	19・9・29		
	19・9・30	バリックパパン	ダバオ	19・10・2		
	19・10・2	ダバオ	佐世保	19・10・10		
	19・10・17	佐世保	マニラ	19・10・21		レイテ沖海戦で連合艦隊壊滅
	19・10・22	マニラ		19・10・28	横須賀	
22	19・11・5	横須賀	昭南	19・11・18		B29、東京初空襲
				19・12・25	横須賀	
23	20・1・26	横須賀	呉			
			安南			**機銃攻撃を受ける**
			サンジャック			ヤルタ会談（米英ソ）
			シンガポール			米軍硫黄島、沖縄上陸
			マニラ			
				20・3・24	横須賀	
24	20・4・30	横須賀		20・6・21	舞鶴	ベルリン陥落　ドイツ無条件降伏
						ポツダム会談　広島、長崎に原爆弾投下
						ソ連、日本に宣戦、満州に侵入　ポツダム宣言受託通
						中共・ソ連友好同盟条約

復員輸送船

次航	発航年月日	発航港	到達港	帰着年月日	帰着港	昭和史　太字は氷川丸
1	20・9・15	舞鶴	ミレ	20・9・28		終戦　インドネシア独立宣言　降伏文書調印　国際連合成立
	20・9・29	ミレ		20・10・7	浦賀	
2	20・10・17	浦賀	横浜	20・10・21		特別高等警察廃止
	20・10・21	横浜	横須賀	20・10・23		治安維持法廃止　財閥解体指令

			浦賀	20・10・23		
	20・10・26	浦賀	ウエーキ島	20・11・1		国際連合憲章成る
	20・11・1	ウエーキ島	クサイ島	20・11・4		ユネスコ設立
	20・11・5	クサイ島		20・11・12	浦賀	
3	20・11・15	浦賀	横浜	20・11・15		
	20・12・31	横浜	浦賀	20・12・31		農地改革　労働組合法公布
	21・1・2	浦賀	基隆	21・1・6		
	21・1・7	基隆	ウエワーク	21・1・14		
	21・1・16	ウエワーク		21・1・24	浦賀	政治保護法公布
4	21・1・24	浦賀	横浜	21・1・24		
	21・1・31	横浜	横須賀	21・1・31		
	21・2・2	横須賀	浦賀	21・2・2		
	21・2・2	浦賀	基隆	21・2・6		
	21・2・7	基隆	ファウロ島	21・2・16		
	21・2・17	ファウロ島		21・2・26	浦賀	
5	21・2・28	浦賀	横浜	21・2・28		
	21・3・3	横浜	横須賀	21・3・3		
	21・3・4	横須賀	ラバウル	21・3・13		
	21・3・14	ラバウル	基隆	21・3・22		
	21・3・25	基隆	釜山	21・3・28		
	21・3・31	釜山		21・4・3	浦賀	六三三四制の新学制発足
6	21・4・4	浦賀	横浜	21・4・4		
	21・5・6	横浜	浦賀	21・5・6		極東国際軍事裁判（東京裁判）開廷
	21・5・6	浦賀	モロタイ島	21・5・13		
	21・5・14	モロタイ島	メナト	21・5・15		
	21・5・15	メナト（セレベス）	モロタイ島	21・5・16		
	21・5・16	モロタイ島	スンバワ島	21・5・20		

次航	発航年月日	発航港	到達港	帰着年月日	帰着港	昭和史　太字は氷川丸
	21・5・20	スンバワ島	バリックパパン	21・5・22		
	21・5・22	バリックパパン（ボルネオ）	クティ・リバー	21・5・23		
	21・5・23	クティ・リバー（ボルネオ）	マカッサル	21・5・24		
	21・5・24	マカッサル（セレベス）	パレパレ	21・5・25		
	21・5・25	パレパレ（セレベス）	モロタイ島	21・5・28		
	21・5・29	モロタイ島	ソロン	21・5・30		
	21・5・30	ソロン（ニユーギニヤ）	カイ島	21・5・31		
	21・6・1	カイ島	セラム島	21・6・2		中国で国共の内戦はじまる
	21・6・3	セラム島	カウ湾	21・6・4		
	21・6・5	カウ湾（ハルマヘラ）	サルミ	21・6・7		
	21・6・8	サルミ	ホーランデイア	21・6・8		
	21・6・9	ホーランデイア		21・6・16	大竹	
7	21・6・22		呉	21・6・22		
	21・6・23	呉	上海	21・6・27		
	21・7・2	上海		21・7・5	浦賀	フィリピン独立
8	21・8・2	浦賀	横浜	21・8・2		
	21・8・26	横浜	葫蘆島	21・9・1		
	21・9・7	葫蘆島		21・9・10	博多	
9	21・9・24	博多	葫蘆島	21・9・27		
	21・9・30	葫蘆島		21・10・3	博多	労働関係調整法公布
10	21・10・17	博多	門司	21・10・17		フランス第四共和制宣言
	21・10・20	門司	葫蘆島	21・10・23		ニュルンベルグ国際軍事裁判終る
	21・10・24	葫蘆島		21・10・27	博多	**行先変更ノタメ途中ヨリ引返ス**
11	21・11・13	博多	博多	21・11・14		日本国憲法公布
	21・11・19	博多	マニラ	21・11・25		
	21・12・1	マニラ		21・12・9	名古屋	

	22・1・11	名古屋	浦賀	22・1・12		
	22・1・12	浦賀		22・1・12	横浜	**横浜にて解散**

船舶運営管理下

1	22・4・3	室蘭	函館	22・4・25	室蘭	二・一ゼネスト中止の指令　労働基準法公布　独占禁止法公布
2	22・5・3	室蘭	大阪	22・5・31	室蘭	国会法公布
3	22・6・8	室蘭	大阪	22・6・29	室蘭	日本国憲法施行
4	22・7・8	室蘭	横浜	22・7・18	室蘭	
5	22・7・26	室蘭	大阪	22・8・13	室蘭	モスクワ四国外相会議
6	22・8・21	室蘭	大阪	22・9・8	室蘭	インド、パキスタン独立
7	22・9・18	室蘭	横浜	22・11・8	小樽	コミンフォルム結成
8	22・11・14	小樽	大阪	22・12・7	小樽	職業安定法公布
9	22・11・17	小樽	大阪	23・1・14	小樽	
10	23・1・14	小樽	大阪	23・2・13	小樽	日ソ貿易協定
11	23・2・22	小樽	大阪	23・3・16	小樽	
12	23・3・24	小樽	大阪	23・4・16	小樽	大韓民国、朝鮮民主主義人民共和国成立　世界人権宣言
	24・7・	国内阪神〜北海道航路				北大西洋条約調印　**ピストンロッド切断**
	24・9・6	大阪	ラングーン	24・10・11	横須賀	極東国際軍事裁判最終判決
	25・1・5	神戸	バンコック	25・2・8	門司	中華人民共和国成立
	25・3・13	長崎	バンコック	25・4・11	名古屋	**ロイド再入級**
	25・5・27	横浜	マレー	25・6・23	川崎	朝鮮戦争起る
	25・9・1	横浜	ポートランド	25・10・10	横浜	
	25・10・18	横浜	ポートランド	25・10・31	横浜	
	25・12・18	横浜	不定期北米航路			日米行政協定調印
	27・4・24		ヨーロッパ航路	再開		講和条約発効
	27・8・27		ヨーロッパ航路	28・1・10		日華平和条約　日印平和条約　アジア太平洋地域平和会議
	28・3・7	横浜	ポートランド	28・3・19	横浜	日米通商航海条約

シアトル航路復活

次航	発航年月日	発航港	到達港	帰着年月日	帰着港	昭和史　太字は氷川丸
15	28・7・25	神戸	シアトル	28・9・9	神戸	朝鮮休戦協定　**フルブライト乗船**
16	28・9・20	神戸	シアトル	28・11・3	横浜	
17	28・12・4	神戸	シアトル	29・1・23	神戸	
18	29・2・4	神戸	シアトル	29・3・23	神戸	ビキニ水爆被爆事件　日米相互防衛援助協定調印
19	29・4・2	神戸	シアトル	29・5・29	神戸	ＥＣＡＦＥ（アジア極東経済委員会）加入
20	29・5・31	神戸	シアトル	29・7・27	神戸	インドシナ休戦協定
21	29・8・18	神戸	シアトル	29・9・27	神戸	
22	29・10・7	神戸	シアトル	29・11・19	神戸	
23	29・12・10	神戸	シアトル	30・1・22	神戸	ソ連対独終戦宣言
24	30・2・3	神戸	シアトル	30・3・15	神戸	
25	30・3・30	神戸	シアトル	30・5・13	神戸	
26	30・5・16	神戸	シアトル	30・7・2	神戸	南ベトナム共和国宣言
27	30・7・8	神戸	シアトル	30・8・19	神戸	
28	30・8・25	神戸	シアトル		神戸	ガット加入決定
29	30・10・29	神戸	シアトル	30・12・	神戸	原子力基本法成立
30	30・12・20	神戸	シアトル			原子力委員会発足
31	31・2・15	神戸	シアトル			
32	31・4・12	神戸	シアトル			日本隊、マナスル初登頂
33	31・7・31	神戸	シアトル			
34	31・8・27	神戸	シアトル			
35	31・10・29	神戸	シアトル	31・12・13	横浜	日ソ共同宣言調印
36	31・12・19	神戸	シアトル			国際連合加盟
37	32・2・14	神戸	シアトル			国連安全保障理事会非常任理事国に当選
38	32・4・29	神戸	シアトル			岸首相、戦後初の東南アジア歴訪

39	32・6・30	神戸	シアトル			
40	32・8・25	神戸	シアトル			ソ連人工衛星の打上げに成功
41	32・10・29	神戸	シアトル	32・12・12	横浜	
42	32・12・19	神戸	シアトル			フルシチョフソ連首相を兼任
43	33・2・13	神戸	シアトル	33・4・4	神戸	農民組合の大合同
44	33・4・28	神戸	シアトル	33・6・16	神戸	
45	33・6・28	神戸	シアトル	33・8・17	神戸	岩戸景気
46	33・8・24	神戸	シアトル	33・10・6	神戸	
47	33・10・29	神戸	シアトル	33・12・11	神戸	ビジネス特急こだま号運転開始　一万円札発行
48	33・12・18	神戸	シアトル	34・2・6	神戸	
49	34・2・13	神戸	シアトル	34・4・4	神戸	皇太子の結婚式
50	34・4・28	神戸	シアトル	34・6・15	神戸	南ベトナムとの賠償協定調印
51	34・6・19	神戸	シアトル	34・7・23	横浜	国連の経済社会理事国となる
52	34・7・26	横浜	シアトル	34・8・23	横浜	**宝塚歌劇団乗船**
53	34・8・27	横浜	シアトル	34・10・4	神戸	伊勢湾台風
54	34・10・29	神戸	シアトル	34・12・11	神戸	
55	34・12・29	神戸	シアトル	35・2・5	神戸	日米安全保障条約調印
56	35・2・11	神戸	シアトル	35・3・30	神戸	
57	35・4・20	神戸	シアトル	35・5・29	神戸	
58	35・6・4	神戸	シアトル	35・7・18	神戸	全学連の国会デモ死傷事件
59	35・7・24	神戸	シアトル	35・8・23	横浜	仏領西アフリカ諸国続々独立
60	35・8・27	横浜	シアトル	35・10・3	神戸	**最終航海**

参考文献

「海軍病院船　氷川丸日記」（喜谷市郎右衛門著　昭和五十九年刊）
「特設海軍病院船氷川丸乗船の思い出」（竹澤鍾著　平成十二年）
「海軍病院船はなぜ沈められたか」（三神國隆著　芙蓉書房出版　平成十三年刊）
「浦賀港引揚船関連写真資料集～よみがえる戦後史の空白～」（旧浦賀地域文化振興懇話会編　横須賀市　平成十八年刊）
「氷川丸の生涯」（竹野弘之著　「海事交通研究」山県記念財団編　平成十九年刊）
舞鶴引揚記念館パンフレット（舞鶴市）
「氷川丸とその時代」（郵船ＯＢ氷川丸研究会編　海文堂出版　平成二十年刊）
「手記と座談会で語り継ぐ舞鶴空襲」（戦争・空襲メッセージ編さん委員会　平成二十四年刊）
「２０話でつづる名船の生涯」（三菱重工業株式会社横浜製作所　平成二十五年刊）
「氷川丸ガイドブック」（日本郵船歴史博物館　平成二十三年刊）
「氷川丸物語」（高橋茂著　かまくら春秋社　昭和五十三年刊）

写真・図版提供

日本郵船歴史博物館
三菱重工業株式会社横浜製作所
金井正光
竹澤鍾
喜谷和夫
寿美花代
舞鶴市
舞鶴市教育委員会
佐世保市
「海軍病院船　氷川丸日記」（喜谷市郎右衛門著　昭和五十九年刊）
「母なる港舞鶴」（舞鶴引揚記念館　平成七年刊）
「氷川丸物語」（高橋茂著　かまくら春秋社　昭和五十三年刊）

著作権を出来る限り調べましたが不明なものもありました。お心当たりの方は編集部までご連絡ください。

協力

日本郵船株式会社
日本郵船歴史博物館
三菱重工業株式会社

（敬称略・順不同）

伊藤玄二郎（いとう・げんじろう）

エッセイスト、星槎大学教授。関東学院大学教授、早稲田大学客員教授を経て現職。専門は近代日本文学。著書に『風のかたみ』『末座の幸福』『子どもに伝えたい日本の名作』『対談集 風のかなたへ』など。編書に『道元を語る』『シーボルト植物図譜』など。

増補版
氷川丸ものがたり

著　者　伊藤玄二郎
発行者　田中愛子
発行所　かまくら春秋社
鎌倉市小町二—一四—七
電話〇四六七（二五）二八六四
印刷所　ケイアール

平成二十八年七月十八日　発行

ISBN978-4-7740-0689-5